Ensayo

Historia

Jared Diamond (1937) es catedrático de Geografía en la Universidad de California, Los Ángeles. Comenzó su actividad científica en el campo de la fisiología evolutiva y la biogeografía. Es miembro electo de la Academia Nacional de Artes y Ciencias, la Academia Nacional de Ciencias y la Sociedad Filosófica de Estados Unidos, y ha recibido una beca de investigación de la Fundación MacArthur, además de los premios Burr de la Sociedad Geográfica Nacional y Pulitzer de 1998 por *Armas, gérmenes y acero* (1997). Ha publicado más de seiscientos artículos en las revistas *Discover*, *Natural History*, *Nature* y *Geo*. También es autor de *El tercer chimpancé* (1994), *¿Por qué es divertido el sexo?* (1999), *Colapso* (2006), *El mundo hasta ayer* (2013), *Sociedades comparadas* (2016) y *Crisis* (2019), grandes éxitos que han obtenido, además, numerosos galardones.

Jared Diamond
Sociedades comparadas
Un pequeño libro sobre grandes temas

Traducción de
Jesús Cuéllar Menezo

DEBOLS!LLO

Papel certificado por el Forest Stewardship Council®

Título original: *Comparing Human Societies*

Primera edición en Debolsillo: febrero de 2025

2016, Jared Diamond. Reservados todos los derechos
© 2016, 2025, Penguin Random House Grupo Editorial, S.A.U.
Travessera de Gràcia, 47-49. 08021 Barcelona
© 2016, Jesús Cuéllar Menezo, por la traducción
Diseño de la cubierta: Penguin Random House Grupo Editorial basado
en el diseño original de © Compañía
Fotografía del autor: © Geography Department, UCLA

Penguin Random House Grupo Editorial apoya la protección de la propiedad intelectual. La propiedad intelectual estimula la creatividad, defiende la diversidad en el ámbito de las ideas y el conocimiento, promueve la libre expresión y favorece una cultura viva. Gracias por comprar una edición autorizada de este libro y por respetar las leyes de propiedad intelectual al no reproducir ni distribuir ninguna parte de esta obra por ningún medio sin permiso. Al hacerlo está respaldando a los autores y permitiendo que PRHGE continúe publicando libros para todos los lectores. De conformidad con lo dispuesto en el artículo 67.3 del Real Decreto Ley 24/2021, de 2 de noviembre, PRHGE se reserva expresamente los derechos de reproducción y de uso de esta obra y de todos sus elementos mediante medios de lectura mecánica y otros medios adecuados a tal fin. Diríjase a CEDRO (Centro Español de Derechos Reprográficos, http://www.cedro.org) si necesita reproducir algún fragmento de esta obra.

Printed in Spain – Impreso en España

ISBN: 978-84-663-7281-7
Depósito legal: B-21.120-2024

Impreso en Black Print CPI Ibérica
Sant Andreu de la Barca (Barcelona)

*Para Mariasilvia Ciola y Madi Gandolfo,
con admiración y gratitud.*

Índice

PREFACIO: Mi viaje desde la vesícula al ser
humano, pasando por las aves......... 11

CAPÍTULO 1. Por qué unos países son ricos
y otros pobres: el papel de la geografía .. 23
CAPÍTULO 2. El papel de las instituciones
en la riqueza y la pobreza de las
naciones...................... 49
CAPÍTULO 3. China 73
CAPÍTULO 4. Crisis nacionales........... 93
CAPÍTULO 5. Evaluación de riesgos:
¿qué podemos aprender de los
pueblos tradicionales?............. 115
CAPÍTULO 6. Dieta, estilo de vida y salud ... 129
CAPÍTULO 7. Los principales problemas
de la humanidad................. 159

LECTURAS COMPLEMENTARIAS 185

Prefacio

Mi viaje desde la vesícula al ser humano, pasando por las aves

Compadezcámonos de todos esos pobres científicos sociales. Compadezcámonos de los antropólogos, psicólogos clínicos, economistas, historiadores, geógrafos humanos, politólogos y sociólogos. No saben utilizar los rigurosos métodos de los experimentos de laboratorio controlados que ofrecen respuestas concluyentes al manipular una muestra (por ejemplo, vertiendo una sustancia en un tubo de ensayo) y dejar intacta otra, idéntica a la anterior, para que actúe como muestra de control.

Los experimentos de manipulación controlada son el sello distintivo de la verdadera ciencia, por lo menos según los científicos que los realizan (tales como químicos y biólogos moleculares), quienes consideran que su labor es «ciencia dura» y desdeñan las investigaciones de las ciencias sociales tachándolas de «ciencia blanda». En su opinión, debido a la superioridad de sus métodos, los científicos que trabajan en laboratorios experimentales han logrado responder a las preguntas más complejas que plantean sus disciplinas, entre ellas problemas de importancia trascendental como el conocimiento de la estructura hiperfina del átomo de molibdeno o la identificación de la función del aminoácido 137 de la enzima betagalactosidasa. Entretanto, los científicos sociales ni siquiera han logrado resolver cuestiones a todas luces tan fundamentales como por qué unos países son ricos y otros pobres. Bastaría con que esos científicos adoptaran métodos experimentales rigurosos para que avanzaran con mucha mayor rapidez.

Pensemos, por ejemplo, en una cuestión de gran interés para ustedes los europeos: ¿por qué el sur de Italia es crónicamente más pobre que el norte del país? ¿Por razones geográficas? ¿Se debe, por ejemplo, a que el norte tiene suelos más fértiles y a que geográficamente está más cerca de países europeos ricos y avanzados desde el punto de vista tecnológico como Alemania y Francia? ¿O se debe más bien al legado histórico de ciertas instituciones sociales, como, por ejemplo, la huella que en el sur dejaron el dominio normando y el borbónico, y la constante influencia perniciosa de la Mafia, la Camorra y la 'Ndrangheta?

A continuación presento una humilde propuesta para responder a estas preguntas relativas a Italia. Dejemos que visite el planeta Tierra un poderoso ser de la nebulosa de Andrómeda, en cuyas universidades ha aprendido los rigurosos métodos científicos que se basan en el trabajo experimental de laboratorio. Ese visitante extraterrestre, enterado de la dificultad que entraña comprender las diferencias entre el norte y el sur de Italia, idearía protocolos experimentales para resolver el problema. Con el fin de evaluar la importancia de los factores geográficos, esparciría todos los años en Sicilia fértiles materiales aluviales del valle del Po, retiraría la isla de su desafortunada situación actual, junto al sur de Italia, para trasladarla frente a la costa de la próspera ciudad norteña de Génova. Con objeto de evaluar la importancia del legado histórico de las instituciones sociales, utilizaría una máquina del tiempo que le permitiría erradicar los dominios normando y borbónico de la Italia meridional y rebobinar la cinta de la historia; después mataría a todos los sospechosos de pertenecer a la Mafia que hubiera en el sudeste de Italia (pero no en el sudoeste) y llevaría al nordeste (pero no al noroeste) a cien mil mafiosos con fondos ilimitados y órdenes de propagar la corrupción y la extorsión. El noroeste de Italia, no manipulado, serviría de zona de control para el nordeste, que sí estaría manipulado; la misma función ejercería el sudoeste, que tampoco se habría manipulado, respecto al sudeste, y el sur continental del país serviría de zona de control para la desplazada Sicilia.

Al cabo de cuarenta años, el científico de Andrómeda regresaría para comparar la riqueza de Sicilia con la del sur continental de Italia; la riqueza del nordeste, infestado experimentalmente de mafiosos, con la del noroeste, no manipulado y libre de la Mafia; y la riqueza de la Italia meridional, purgada de mafiosos de manera experimental, con la zona de control del sudoeste, no manipulada y asolada por la Mafia. De este modo, el visitante de Andrómeda conseguiría sin duda datos tan concluyentes acerca del origen de las diferencias de riqueza entre el sur y el norte de Italia como las obtenidas por los biólogos moleculares respecto al aminoácido 137 de la enzima beta-galactosidasa.

Por desgracia, mi humilde propuesta sería inmoral, ilegal e inviable. En las ciencias sociales, muchos otros experimentos potencialmente decisivos son asimismo inmorales, ilegales e inviables. ¿Significa esto que debemos abandonar toda esperanza de progreso en las ciencias sociales?

Por supuesto que no. La ciencia progresa no solo mediante los experimentos de laboratorio controlados que tanto admiran los químicos y biólogos moleculares. Disponemos de otros métodos para obtener conocimientos fiables sobre el mundo real. Lo que define la ciencia es ese objetivo y todos esos métodos, no tan solo los experimentos de laboratorio controlados.

Así lo aprendí a los veintiséis años, cuando mi

afición infantil de observar a los pájaros comenzó a convertirse en la seria actividad científica de la ornitología, el estudio científico de las aves. Entre los veintiuno y los veinticinco había cursado una licenciatura en fisiología, una ciencia basada en experimentos de laboratorio. Mis profesores me habían enseñado a resolver cuestiones fisiológicas mediante experimentos de laboratorio concebidos a la perfección. Por ejemplo, ¿acaso un ión común llamado potasio influye en el flujo de sodio —un pariente cercano suyo, asimismo común— que sale de la vesícula? Y, de ser así, ¿en qué medida? Según me enseñaron mis profesores, para responder a esa pregunta debía sumergir alternativamente una vesícula en una solución con potasio y en otra que no lo contuviera, a fin de medir el sodio que salía de la vesícula y calcular la proporción de esa sustancia que se perdía en presencia o ausencia del potasio. De este modo, utilizando cada una de las vesículas experimentales como su propio elemento de control, determiné de manera inequívoca y cuantitativa que el potasio propicia una pérdida de sodio de alrededor del 30 por ciento.

Cuando más tarde viajé a Nueva Guinea para estudiar las aves, me sorprendí planteándome preguntas de sintaxis similares. Por ejemplo, ¿acaso un ave común de Nueva Guinea llamada petroica dorsiverde influye en la abundancia de una pariente suya asimismo común, la petroica ojiblanca? Y, de ser así, ¿en qué medida? En teoría, podría haber respondido en un periquete a la pregunta exterminando de un lugar determinado a la población de la primera especie y midiendo después el cambio producido (si hubiera alguno) en el número de ejemplares de la segunda, ahora libre de la competencia de su pariente. Por desgracia, ese experimento decisivo habría sido tan inmoral, ilegal e inviable como el desplazamiento de Sicilia y los asesinatos o traslados de mafiosos que habría propuesto el visitante de Andrómeda. Había que buscar otro método para responder a mi pregunta ornitológica.

En el caso de las aves, decidí sustituir los experimentos de manipulación controlada por un método alternativo de uso generalizado en las ciencias sociales: el experimento natural. Es decir, en lugar de provocar de forma experimental la ausencia de petroicas dorsiverdes, comparé muchas montañas de Nueva Guinea y observé que algunas resultaban por naturaleza favorables a la presencia de esas aves y otras no lo eran. Descubrí que la población de petroicas ojiblancas era un 30 por ciento más abundante en las montañas sin petroicas dorsiverdes que en aquellas habitadas por estas, ya que en las primeras podían expandirse hasta altitudes donde en las otras montañas solían vivir las petroicas dorsiverdes. Evidentemente, los experimentos naturales, al igual que los de manipulación, presentan sus dificultades. Por ejemplo, en el caso de las petroicas dorsiverdes se necesitaron más observaciones para determinar que la ausencia natural de ojiblancas era en realidad la causa de la mayor abundancia de las primeras, y no solo un elemento relacionado con dicha causa.

Los experimentos naturales suelen utilizarse en las ciencias sociales para abordar cuestiones distintas de la abundancia de las petroicas dorsiverdes en Nueva Guinea. En algunos casos, la historia crea un experimento natural casi tan perfecto como un experimento controlado consistente en la inmersión de una vesícula en dos soluciones, una con potasio y otra sin él; así ocurre cuando un país unido se divide de manera ordenada, mediante una frontera geográfica arbitraria, en dos mitades que a partir de ese momento desarrollan gobiernos e instituciones muy distintos. Entre los ejemplos figura Alemania, que en 1945 dejó de ser un solo país para dar lugar a Alemania Occidental y Alemania Oriental, cuyos respectivos gobiernos e instituciones crearon entre 1945 y 1990 incentivos económicos diferentes; de ahí el distinto grado de riqueza de ambas cuando este experimento histórico natural llegó bruscamente a su fin con la caída del muro de Berlín, en 1989. Aunque en el caso de las mitades de Alemania solo comparamos dos entidades, la interpretación de la comparación es inequívoca, ya que antes de 1945 la Alemania del Este y la del Oeste eran similares en cuanto al gobierno, las instituciones y otros aspectos. Las diferencias de riqueza observadas entre ambas en 1990 eran en su inmensa mayoría resultado de una única causa: los diferentes gobiernos que habían tenido entre 1945 y 1990.

En otros casos, las entidades comparadas difieren en muchos aspectos, no solo en una única variable dominante. Por ejemplo, para determinar la influencia de la latitud en la riqueza nacional no podemos limitarnos a comparar un país de latitud baja (por ejemplo, Zambia) con otro de latitud alta (como los Países Bajos), ya que presentarán otras muchas diferencias. No obstante, la comparación de decenas de países de distintas latitudes demuestra que en general los situados en latitudes altas y zonas templadas son dos veces más ricos que los tropicales de latitudes bajas.

En el presente librito explicaré en siete capítulos qué puede averiguarse sobre las grandes cuestiones de las ciencias sociales mediante el método de experimentación natural ornitológico. En el capítulo 1 se aborda una cuestión de interés académico para los economistas y de gran interés práctico para todos los habitantes del planeta Tierra: por qué unos países son ricos y otros pobres. Los experimentos naturales indican que la respuesta depende en parte de la geografía: las comparaciones entre países de todo el mundo demuestran que, a igualdad del resto de factores, no solo los países tropicales cercanos al ecuador son más pobres que los de las zonas templadas, sino también que los que carecen de salida al mar son más pobres que los que tienen costa y ríos navegables.

En el capítulo 2 se examina cómo las instituciones contribuyen también a esas diferencias de riqueza entre las naciones. Países con buenas instituciones, como gobiernos honrados y formas de imponer el cumplimiento de leyes y contratos, suelen ser más ricos que aquellos donde el gobierno es corrupto y no se respetan contratos ni leyes. Con todo, las propias instituciones son producto de la geografía, de una larga historia y de «accidentes» históricos como la división de Alemania.

El capítulo 3 se centra en un único país: China, en la actualidad el más poblado del mundo y el de crecimiento económico más rápido. En pocas páginas resumo todos los datos relevantes sobre China: geografía, población, lenguas, agricultura, prehistoria, historia y situación actual. Con solo echar un vistazo a los mapas de China y Europa y compararlos, surge un interesante experimento natural. Se observa de inmediato que Europa tiene islas grandes (como Gran Bretaña e Irlanda), penínsulas grandes (como Italia y Grecia), cadenas montañosas que la cortan transversalmente (como los Alpes y los Pirineos) y ríos que fluyen hacia los cuatro puntos cardinales como si fueran los radios de una rueda de bicicleta (caso del Rin y el Danubio), en tanto que China no tiene nada de eso. Analizaré de qué manera esas diferencias geográficas entre China y Europa pueden haber contribuido a ocasionar las diferencias históricas entre ambas regiones.

En el capítulo 4 me pregunto qué podemos averiguar comparando las crisis personales con las nacionales y comparando entre sí las crisis de diferentes naciones. Japón, el Reino Unido, Alemania, Chile y otros países han sufrido crisis provocadas por razones externas, internas o ambas, y las han resuelto con distintos grados de éxito.

Uno de los capítulos más personales del libro es el 5, donde se comparan las reacciones ante el peligro individual entre ciudadanos de estados contemporáneos como Estados Unidos o Italia, con las de mis amigos de Nueva Guinea. De estos he aprendido mucho acerca de cómo afrontar los peligros de la vida cotidiana adoptando una actitud que denomino «paranoia constructiva». Espero que gracias a este capítulo los lectores aprendan a pensar con mayor claridad a la hora de reconocer peligros triviales como resbalar en la ducha, y a pensar menos en terroristas y accidentes aéreos.

El otro capítulo que se centra en nosotros como individuos, no como integrantes de naciones, es el 6. Los experimentos naturales tienen mucho que enseñarnos sobre el mantenimiento de la salud y sobre cómo vivir muchos años, hasta una edad avanzada, con una buena calidad de vida. En concreto, hay buenas razones para explicar por qué entre los neoguineanos y otros pueblos que viven de forma tradicional casi no se producen muertes por diabetes, enfermedades coronarias y accidentes cerebrovasculares, causas principales de fallecimiento entre los europeos y los estadounidenses actuales. Trágicos experimentos naturales muestran hoy en día la rapidez con que los neoguineanos y otros pueblos tradicionales comienzan a sufrir esas enfermedades al adoptar la forma de vida occidental, y cómo podemos utilizar esa información para reducir nuestro propio riesgo de morir de dichas dolencias.

Por último, este librito sobre temas importantes finaliza con un capítulo dedicado al más importante de todos: los problemas de la humanidad actual. En él ofrezco mis propias opiniones sobre los que considero los tres grandes problemas del mundo.

Estos siete capítulos ponen de manifiesto lo fascinantes, difíciles e importantes que son las ciencias sociales. Confío en que estas cuestiones les parezcan tan esclarecedoras y relevantes para su vida y el futuro de sus países como me lo parecen a mí.

PREFACIO

El libro debe su inspiración a la estimulante compañía de colegas y estudiantes de la Universidad LUISS Guido Carli de Roma, que me acogió durante el mes de marzo de 2014. Los capítulos nacieron como conferencias que preparé para sus alumnos y profesores. Tengo una especial deuda de gratitud con Mariasilvia Ciola y Madi Gandolfo, dos maravillosas italianas que, con gran esfuerzo, organizaron mi estancia. Gracias a ellas y a los colegas y alumnos de LUISS se cumplió un sueño que acariciaba desde hacía muchos años: estar en Italia y oír y hablar únicamente, día tras día, su hermosa lengua.

1

Por qué unos países son ricos y otros pobres: el papel de la geografía

Supongamos que fuera usted a conocer a una persona a quien no ha visto jamás. Le gustaría saber lo máximo posible sobre ella. Pero solo se le permite formularle dos preguntas y esa persona puede responder a cada una con solo una palabra. ¿Con qué dos preguntas, que puedan responderse con una única palabra, obtendrá la mayor cantidad de información posible sobre alguien?

Muchos dirán que las dos preguntas susceptibles de contestarse con una sola palabra que aportarían más información son: ¿dónde nació usted? ¿En qué año?

Por lo que respecta a la fecha de nacimiento, supongamos que un italiano contesta que nació en 1920, en 1940, en 1950 o en 1990. Esto nos permitirá conjeturar muchas cosas sobre cómo ha sido su vida. Un italiano nacido en 1920 se crió durante la dictadura. Es probable que uno nacido en 1940 sufriera los bombardeos y combates, así como las dificultades de los años de la posguerra. Un italiano de 1950 no vivió los años más penosos de la posguerra, pero sí los de las Brigadas Rojas. Uno nacido en 1990 solo conoce por los libros la dictadura, los bombardeos y combates, los años de la posguerra y las Brigadas Rojas. Así pues, bastará con que un natural de Italia nos diga su fecha de nacimiento para que sepamos mucho sobre su experiencia vital.

En cuanto a la respuesta a «¿Dónde nació?», supongamos que la persona a quien acabamos de conocer contesta que nació en Italia, Haití, Estados Unidos, Ruanda, Irak o Corea del Sur. Eso nos aportará inmediatamente mucha información respecto a su probable forma de vida. Por ejemplo, los europeos y los estadounidenses vamos al trabajo en coche o en metro. Vivimos en casas unifamiliares o en pisos que alguien ha construido para nosotros. Comemos lo que otros han producido y lo compramos en mercados. Llevamos ropa confeccionada por terceros. Disponemos de atención médica, incluida la dental, y disfrutamos de entretenimientos de masas como la televisión y el cine.

Sin embargo, muchas personas de otras partes del mundo no hacen todo lo que hacemos los europeos o los estadounidenses, por la sencilla razón de que han tenido la desgracia de nacer en Haití o en Ruanda. En el mundo hay haitianos, ruandeses y otros miles de millones de personas que, siendo tan inteligentes y trabajadoras como los europeos y los estadounidenses, carecen de un empleo remunerado. Cuando lo tienen, van a trabajar a pie, no en coche o en metro. Ellos mismos se construyen sus casas o chozas. Producen sus propios alimentos y se confeccionan su ropa, y a veces ni siquiera tienen ropa que ponerse. Carecen de atención sanitaria y dental. Tampoco cuentan con entretenimientos de masas como la televisión y el cine.

Todas estas diferencias entre europeos y haitianos ponen de manifiesto que el lugar donde por azar nacemos tiene una enorme influencia en nuestra vida.

Los diferentes grados de riqueza nacional constituyen un elemento clave de la geografía regional del mundo. ¿Por qué unos países son ricos y otros pobres? En los más ricos, como Noruega, Italia y Estados Unidos, la renta per cápita anual llega a ser cuatrocientas veces superior a la de los más pobres, como Burundi y Yemen. Los diferentes grados de riqueza nacional no son solo un interesante problema académico. También tienen importantes repercusiones políticas. Si supiéramos responder de forma adecuada a esa pregunta, quizá los países pobres podrían aprovechar las respuestas para aprender a hacerse ricos, y los ricos para idear programas de ayuda más eficaces destinados a los países pobres.

Les contaré una experiencia personal acerca de las diferencias de riqueza nacional que me dejó huella. Hace unos diez años pasé unos días en los Países Bajos. Después realicé un largo viaje en avión para pasar otros pocos días en Zambia. Si un visitante extraterrestre viera los Países Bajos por primera vez, diría: «¡Qué país más desgraciado! ¡Solo tiene desventajas! ¡Qué pobre debe de ser!». Descubriría que en en los Países Bajos los inviernos son largos y los veranos cortos, de manera que los agricultores solo pueden recoger una cosecha al año. El país carece de recursos minerales importantes. Como el terreno es bajo y llano, no dispone de embalses que generen energía eléctrica, por lo que ha de importar petróleo y carbón. Además, tiene la desgracia de compartir frontera con Alemania, un país mucho mayor, que en 1940, cuando contaba con un ejército potente, invadió a su vecino, causando grandes estragos. Un tercio del país se halla por debajo del nivel del mar y corre el riesgo de quedar anegado por el océano. Por tanto, sería comprensible que el visitante extraterrestre creyera que los Países Bajos es una nación muy pobre.

A continuación viajé a Zambia, un país de África meridional. Puede que el visitante extraterrestre hubiera oído decir en el espacio exterior que los países africanos suelen ser pobres. Así pues, le impresionarían las ventajas de que disfruta Zambia en comparación con la mayoría de los otros países africanos, e incluso con los Países Bajos. A diferencia de Europa y Estados Unidos, no necesita comprar petróleo, gas natural ni carbón para producir energía: todos sus recursos energéticos proceden de los enormes embalses situados en el río Zambeze, que generan tanta electricidad que el país la exporta a sus vecinos. A diferencia de lo que ocurre en los Países Bajos, en Zambia abundan los minerales, sobre todo el cobre. Como tiene un clima cálido, los agricultores recogen varias cosechas al año, no solo una como en los Países Bajos. Al contrario que la mayoría de los países africanos, Zambia es pacífico, estable y democrático, sus tribus no están enfrentadas y nunca ha sufrido una contienda civil ni una guerra con sus vecinos. A diferencia de los Países Bajos, nunca ha sido invadida por un vecino. En el país se celebran elecciones libres y los zambianos son un pueblo afable y trabajador que valora la educación.

Les ruego ahora que intenten adivinar cuál es la renta per cápita media de Zambia. ¿Les parece que es mayor, menor o igual que la de los Países Bajos? Si creen que la de los Países Bajos supera a la de Zambia, ¿dirían que es 400 veces, 10 veces o 1,5 veces mayor?

La respuesta es: ¡la renta media de los Países Bajos es cien veces mayor que la de Zambia! En el primer país la renta media es de unos 22.000 euros al año, mientras que en el segundo es solo de 220. Esta diferencia le resultaría increíble a nuestro visitante extraterrestre. ¿Por qué, a pesar de todas las ventajas de Zambia y las desventajas de los Países Bajos, el segundo es mucho más rico que el primero?

Este ejemplo ilustra el problema general de por qué unos países son ricos y otros pobres. La respuesta tiene que ver con dos conjuntos de factores: los geográficos y los institucionales. En este capítulo me ocuparé de los primeros, pero eso no significa que no tenga en cuenta la relevancia de los segundos. Simplemente, este capítulo se centra en los geográficos, no en los institucionales, cuyo análisis dejo para el capítulo siguiente.

Uno de los factores geográficos más importantes es la latitud. En general, los países situados en zonas templadas son considerablemente más ricos que los tropicales. Hasta los de este último grupo que cuentan con instituciones honradas, como Costa Rica, son más pobres que países europeos con instituciones no tan honradas, como Bulgaria.

Es interesante que la influencia de la latitud en la riqueza se observe incluso dentro de ciertos países con una amplia gama de latitudes de norte a sur. Por ejemplo, el noroeste de Estados Unidos, con estados como Nueva York y Ohio, situados en zonas templadas, es mucho más rico que las áreas del sudeste, más cálidas y tropicales, como Mississippi y Alabama. La diferencia de riqueza entre el nordeste y el sudeste de Estados Unidos era todavía más acusada en el pasado. Del mismo modo, la zona rica de Brasil es la templada, la más alejada del ecuador, en torno a las prósperas ciudades meridionales de Río de Janeiro y São Paulo. (Brasil se encuentra al sur del ecuador, y Estados Unidos al norte; por eso la zona templada de este último país es la septentrional, mientras que en Brasil lo es la meridional.) La región más pobre de Brasil es la tropical del norte cercana al ecuador. Dicho de otro modo, la influencia de la latitud en la riqueza queda patente no solo al comparar países, sino también en el interior de países que poseen la suficiente extensión de norte a sur. En consecuencia, cabría preguntarse si la geografía, además de las instituciones, ayuda a explicar por qué el norte de Italia es más rico que el sur.

Las principales razones de la pobreza de los países tropicales en comparación con los templados son dos: su menor productividad agrícola y sus mayores problemas sanitarios.

Empecemos por la productividad agrícola. Cabría suponer que, por diversas razones, las zonas tropicales habrían de tener mejores cosechas que las templadas. Una de esas razones es que en las zonas tropicales el período vegetativo de los cultivos dura todo un año, no solo medio año como en Italia o un par de meses como en Suecia y Canadá. Otra razón para esperar mejores cosechas en los trópicos es que las temperaturas son cálidas todo el año, suele haber luz solar de sobra y las lluvias y la disponibilidad de agua acostumbran a ser considerablemente mayores que en las regiones templadas. Por ejemplo, un índice anual de precipitaciones de 1.000 mm se considera bueno en Italia, pero en Nueva Guinea no hay ninguna región con precipitaciones tan escasas. En todo el país dicho índice se sitúa por encima de 2.000 mm, supera los 5.000 en aproximadamente la mitad del territorio y los 10.000 en las zonas más húmedas.

Pese a que estas razones justificarían la esperanza de que los trópicos contaran con excelentes cosechas, los campesinos de esas zonas saben, para su pesar, que no es así. Cuando contemplan magníficas zonas agrícolas de Italia como las del valle del Po, sienten asombro y envidia.

Dos razones explican que en las zonas tropicales, en contra de lo que cabría esperar, las cosechas sean reducidas. Una es la escasa fertilidad y profundidad de los suelos. En Europa, Estados Unidos y otras regiones templadas, los agricultores están acostumbrados a suelos profundos y fértiles. Esto se debe en parte a que los glaciares recorrieron de norte a sur la mayoría del territorio estadounidense y europeo, para después retirarse de sur a norte, un mínimo de veintidós veces durante las glaciaciones de los últimos millones de años. Al avanzar y retroceder, los glaciares machacaban las rocas subyacentes y generaban suelos profundos con una renovada provisión de nutrientes. Por el contrario, las cálidas zonas tropicales nunca tuvieron glaciaciones, por lo que carecen de suelos jóvenes y profundos que se regeneren de manera constante.

Pasemos a otro problema de los suelos tropicales. Cuando caminamos por un bosque templado como los de Italia y Estados Unidos, solemos ver en el suelo multitud de hojas muertas y ramas. Es decir, hay mucha materia orgánica caída, que al descomponerse poco a poco devuelve nutrientes a la tierra a lo largo de mucho tiempo. En cambio, en los trópicos las hojas y ramas caídas, así como otros restos de materia orgánica que se desprenden, no tardan en desmenuzarse a causa de las elevadas temperaturas. Debido al calor, microorganismos y animales diminutos descomponen las hojas caídas. Más tarde las intensas lluvias tropicales arrastran esos nutrientes a los ríos y después al océano.

Estos son los dos motivos por los que los suelos tropicales suelen ser superficiales y estériles.

La segunda razón de la escasez de las cosechas en los trópicos estriba en que, como es bien sabido, estos cuentan con muchas más especies que las zonas templadas. No solo hay multitud de variedades de aves para hacer las delicias de los aficionados a la ornitología que visitan Brasil, sino también muchísimas más especies de agentes patógenos, insectos y moho, que infestan y dañan las cosechas y terminan por destruir gran parte de ellas.

Estos son los dos conjuntos principales de razones por las que, en contra de lo que cabría esperar, las cosechas son menores en las regiones tropicales que en las templadas. Por eso los principales exportadores agrícolas del mundo —Estados Unidos, Canadá, Rusia, los Países Bajos, Argentina, Sudáfrica, entre otros— se encuentran en su mayoría en zonas templadas. Solo Brasil, que en cualquier caso cuenta con una extensa región templada además de una amplia zona tropical, es un importante exportador agrícola de las latitudes tropicales.

Por tanto, la baja productividad agrícola es uno de los dos grandes motivos de la tendencia a la pobreza de los países tropicales. El otro gran motivo tiene que ver con deficiencias sanitarias. Acabo de afirmar que los trópicos poseen más especies que las zonas templadas, como las aves que hacen las delicias de los aficionados a la ornitología. Pero esa gran variedad tropical también incluye especies patógenas como parásitos, lombrices, insectos y gérmenes. Los encargados de sanidad suelen decir en broma que la mejor medida sanitaria del mundo son los fríos inviernos de las zonas templadas. El frío del invierno acaba con los parásitos y gérmenes, que en consecuencia tienen que volver a crecer en primavera. Por el contrario, en los trópicos los parásitos y gérmenes proliferan durante todo el año.

Esto no quiere decir que las zonas templadas sean lugares totalmente saludables. Como sabrá cualquiera que conozca la historia de Europa, en el pasado sus habitantes morían de enfermedades infecciosas. En general, las enfermedades de las zonas templadas, y las que a lo largo de la historia han afectado a los europeos, solían ser de carácter epidémico y se propagaban debido al hacinamiento, como la viruela y el sarampión. Sin embargo, la mayoría de esas afecciones epidémicas propias de poblaciones densas solo se contraen una vez en la vida, por lo común en la infancia. Si de niño tenemos la suerte de sobrevivir a la viruela y el sarampión, seremos inmunes a ellas durante toda la vida y no volveremos a contraerlas. Por el contrario, las enfermedades tropicales suelen ser recurrentes y no proporcionan inmunidad de por vida si se sobrevive a un episodio, de manera que pueden padecerse una y otra vez. En la historia de Italia, por ejemplo, la enfermedad tropical recurrente más habitual ha sido la malaria.

Los europeos que hayan visitado los trópicos habrán conocido de oídas o sufrido la acción de parásitos crónicos como helmintos, protozoos y otros organismos patógenos que afectan a los habitantes de los climas tropicales. Por poner solo un ejemplo: en todo momento el indonesio medio es portador de unos seis tipos de parásitos. Después del sida, la malaria es, por número de casos y de muertes que ocasiona, la enfermedad infecciosa más importante del mundo. Debido a las parasitosis, a la malaria y ahora al sida, la esperanza de vida media en Zambia es solo de cuarenta y un años.

Naturalmente, es una enorme tragedia vivir en zonas tropicales donde una persona está expuesta a parásitos y enfermedades y es probable que muera a los cuarenta y un años. Pero un frío economista también diría que las enfermedades tropicales son perjudiciales para la economía por varias razones. Una es la escasa esperanza de vida que ocasionan, lo cual implica una vida productiva media igualmente breve de directivos y trabajadores cualificados. Pongamos el ejemplo de un ingeniero formado en Zambia: en torno a los treinta años se encontraría totalmente preparado para contribuir a la economía de su país, pero solo podría hacerlo durante once años, ya que, según el promedio de vida en Zambia, moriría con cuarenta uno. En Europa, donde la esperanza de vida se sitúa en torno a los setenta y siete años, ese ingeniero podría contribuir a la economía de su país durante un mínimo de treinta años hasta que se retirara, o durante cuarenta o cincuenta si se le permite trabajar más allá de la edad de jubilación.

La segunda razón por la que las enfermedades tropicales son perjudiciales para la economía es que, además de una elevada mortalidad, causan una alta morbilidad. Es decir, aunque la malaria no mate, produce debilidad y malestar, que incapacitan para trabajar gran parte del tiempo. De ahí que los afortunados zambianos que a los cuarenta y dos años siguen con vida trabajen menos días al año que los europeos, ya que enferman con frecuencia.

Otro motivo por el que las enfermedades tropicales resultan perjudiciales para la economía es que descompensan el perfil de edad de la población. Un promedio de vida corto junto con tasas de mortalidad elevadas comporta la necesidad de tener muchos hijos para compensar el hecho de que es posible que muchos de ellos mueran pronto. En consecuencia, la proporción entre el número de trabajadores y el de habitantes no productivos es baja; es decir, hay pocos adultos productivos y muchos niños, no productivos, lo cual significa una renta media per cápita baja en el conjunto de la población.

Finalmente, otra desventaja económica derivada de los problemas sanitarios en las zonas tropicales es que en general las mujeres pasan mucho tiempo embarazadas o dando el pecho, pues traen al mundo a un número de niños suficiente para que algunos sobrevivan y no mueran de enfermedades tropicales. Sin embargo, a las mujeres embarazadas y lactantes les cuesta seguir trabajando.

Estas razones explican por qué las enfermedades tropicales no son únicamente una tragedia humana. Junto a la escasa productividad agrícola de los trópicos, constituyen el principal motivo por el que los países tropicales suelen ser más pobres que ricos.

¿Resultan deprimentes estos datos sobre los trópicos? Por supuesto que sí. ¿Significan acaso que las desventajas de esas zonas son insuperables y que los países tropicales están irremediablemente condenados a seguir en la pobreza? Por supuesto que no. Las desventajas de los trópicos son reales, pero es útil conocerlas. Podemos establecer una analogía con una persona a quien diagnostican una enfermedad. Es deprimente que le digan que la padece, pero ese suele ser el primer paso para averiguar cómo curarla. Del mismo modo, los países tropicales que han reflexionado sobre las deprimentes razones que suelen conducirlos a la pobreza han aprovechado esa información y se han esforzado por acabar con los motivos de su pobreza. Los países tropicales con mayor crecimiento económico en los últimos tiempos son los que más han invertido en sanidad. Además, no han centrado sus inversiones en la agricultura, conscientes de que nunca se harían ricos dedicándose en exclusiva a ese sector, ya que nunca podrían competir con las zonas templadas. Entre los países tropicales que recientemente han utilizado el diagnóstico de sus problemas para enriquecerse figuran Malasia, Singapur, Taiwan, Hong Kong y Mauricio.

Hay otra consecuencia de los grandes problemas sanitarios de los trópicos que interesa a la Agencia Central de Inteligencia estadounidense, y quizá también a organismos europeos equivalentes. La CIA tiene mucho interés en pronosticar la aparición de «estados fallidos»; es decir, qué regímenes corren más peligro de derrumbarse y sumir en el caos a sus países, situación que lleva a que la gente, desesperada, intente emigrar, prospere el terrorismo o surjan otros problemas. De ahí que la CIA haya realizado un gran esfuerzo para identificar qué factores predicen mejor el derrumbe de los estados y el caos.

Para sorpresa de los analistas de la CIA, ¡resulta que el mejor predictor nacional del derrumbe de un régimen es una mortalidad infantil elevada! Una de las razones de que exista tal correlación radica en que una tasa elevada de mortalidad infantil es perjudicial para la economía por los motivos antes expuestos. Implica que las mujeres pasen mucho tiempo embarazadas o dando el pecho y apartadas de la población activa, y que haya montones de niños improductivos a los que han de mantener unos pocos adultos productivos. La otra razón de la correlación observada por la CIA es que un índice elevado de mortalidad infantil también constituye una de las primeras señales de alarma de que un régimen es débil, ineficaz e incapaz de curar las enfermedades de sus niños.

Estos datos sobre las desventajas de los países tropicales tienen evidentes repercusiones políticas. En comparación con otras formas de ayuda a la economía como la construcción de presas o de minas, las medidas sanitarias y los programas de planificación familiar, destinados ambos a afrontar los problemas fundamentales de los países tropicales, son baratos. Por ejemplo, solo el proyecto de la presa de las Tres Gargantas acometido por China costará más de 22.000 millones de euros. En cambio, los programas de control de la malaria, la tuberculosis y el sida, las tres principales enfermedades infecciosas del mundo, solo le costarían al conjunto del planeta unos 18.000 millones de euros. En comparación con las pequeñas cantidades que hay que invertir en medidas sanitarias, esas inversiones suelen generar enormes beneficios económicos.

Por otra parte, la prevención de la malaria nunca ha tenido ningún tipo de efecto secundario perjudicial. En cambio, construir presas y minas sí suele producir secuelas inesperadas.

En consecuencia, la escasa productividad agrícola y los grandes problemas sanitarios de las zonas tropicales son las principales razones de las desventajas geográficas de los países situados en esas latitudes. También merece la pena mencionar que en esos países, a causa del calor, la maquinaria industrial suele estropearse con más rapidez y frecuencia que en los templados. Por eso durante mi infancia, en las décadas de 1940 y 1950, las cálidas zonas meridionales de Estados Unidos eran en general considerablemente más pobres que las septentrionales, hasta que en esa última década se generalizó el aire acondicionado en los estados sureños, con lo que se redujeron las averías de la maquinaria y la vida de la población se volvió más cómoda.

Con todo, las desventajas de los países tropicales no son el único factor geográfico que ayuda a explicar por qué unos países son ricos y otros pobres. Otro factor geográfico que suele causar pobreza es la falta de salida al mar. Es algo de lo que los italianos no tienen que preocuparse: como Italia es una península larga y estrecha, cualquier punto de su mapa queda a una distancia relativamente corta de la costa. Incluso en la parte más ancha del país, la septentrional, la mayoría de las casas se hallan a una distancia reducida de algún afluente de un río navegable: el Po. Del mismo modo, a franceses y españoles tampoco tiene que preocuparles mucho vivir en zonas sin acceso al mar, pues ambos países poseen costas y ríos navegables. Tampoco los estadounidenses debemos preocuparnos mucho de vivir en lugares sin acceso al mar, porque contamos con largas costas y un enorme río navegable, el Mississippi, cuyos afluentes bañan una amplia extensión del continente norteamericano.

Pero no ocurre lo mismo en otros muchos países del mundo, que no tienen costa ni se encuentran cerca de vías fluviales navegables. Entre esos pobres países sin salida al mar figuran Bolivia en Sudamérica; Moldavia en Europa; Laos, Afganistán, Nepal y Uzbekistán en Asia; y Zambia, la República Centroafricana y otras naciones en África. ¿Qué ventajas presenta estar en la costa o junto a un río navegable? La respuesta es sencilla: resulta mucho más barato transportar mercancías por mar que por carretera o por vía aérea. En promedio, el transporte marítimo es siete veces más barato por kilo que el terrestre. En consecuencia, Bolivia es el segundo país más pobre de Sudamérica: se convirtió en el único sin salida al mar del subcontinente en 1884, al perder la franja costera en una desastrosa guerra con Chile. Moldavia, igualmente sin acceso al mar, se cuenta entre los países más pobres de Europa. Ningún continente tiene tantos países sin salida al mar como el africano: de los cuarenta y ocho del África continental, quince, entre ellos Zambia, carecen de costa. No solo muchos países africanos carecen de costa, sino que además el único río de todo el continente cuyo curso navegable abarca una gran distancia es el Nilo. En África, la maldición de la falta de acceso al mar, junto con su ubicación tropical, explica en gran medida por qué en la actualidad es el continente más pobre.

La penúltima razón geográfica que se encuentra en la base de la riqueza o la pobreza de las naciones es una paradoja llamada «maldición de los recursos naturales». Algunos países tienen la suerte de contar con valiosos recursos naturales como oro u otros minerales, petróleo y árboles tropicales que producen excelente madera noble. Nigeria, por ejemplo, disfruta de esos recursos, en tanto que Italia tiene la evidente desgracia de no estar repleta de oro, de petróleo ni de árboles tropicales de madera noble. Naturalmente, al principio los economistas pensaron que sus análisis demostrarían que países con abundantes recursos naturales como Nigeria tendrían que ser mucho más ricos que países pobres en esos recursos como Italia.

Pero resulta que es al revés. Paradójicamente, los países ricos en recursos naturales suelen ser pobres. En concreto, basar las exportaciones de un país y su mercado de divisas en los recursos naturales es perjudicial para la economía. Estados Unidos sí tiene minerales valiosos y petróleo, pero ha escapado de la pobreza porque dichos recursos naturales solo representan una pequeña parte de su sector exportador: dependemos más de la industria y la agricultura.

En consecuencia, los economistas tienen que explicar una paradoja. Cabría esperar que los países con abundantes recursos naturales fueran ricos. Sin embargo, suelen ser pobres. De ahí que los economistas hablen de la «maldición» de los recursos naturales.

Se han identificado varios factores que explican por qué los recursos naturales suelen ser una maldición en vez de una suerte. Uno de ellos es que normalmente no se distribuyen de manera uniforme dentro de los países, sino que se concentran en ciertas zonas. Está claro que esa situación incentiva el estallido de guerras civiles y la aparición de movimientos secesionistas. La parte del país que dispone del recurso natural o bien quiere separarse del resto y quedarse con todos los beneficios, o bien no se separa pero se queja de que una porción excesiva de los beneficios se distribuya en otras zonas. Esta es la razón que subyace en el carácter crónico de los movimientos secesionistas que surgen en las regiones ricas en minerales del Congo oriental.

Otra de las razones que explican la maldición de los recursos naturales es que estos suelen generar corrupción. Cuando hay un producto fácil de esconder en el bolsillo, en un contenedor de transporte, en un oleoducto o gaseoducto, o dondequiera que sea fácil controlar el acceso a él, se invita a la corrupción. Quienquiera que se lo guarde en el bolsillo, o que controle los contenedores o el oleoducto, se quedará con el dinero o bien podrá cobrar sobornos a las empresas mineras o petroleras para que accedan a las minas o los campos petrolíferos. Los diamantes y el oro son los recursos naturales más fáciles de transportar o de esconder en el bolsillo, y también es muy fácil controlar el acceso a las minas y explotaciones donde se encuentran. Por eso los países ricos en diamantes y oro suelen tener un especial problema de corrupción.

Otra de las razones que explican la paradoja de los recursos naturales es que la gran cantidad de dinero que se gana con ellos suele incrementar el sueldo de quienes trabajan en ese sector. También suele llevar al aumento de los precios, ya que esos trabajadores, como tienen un buen salario, pueden pagar precios elevados. Sin embargo, esos salarios y precios abultados dificultan que otros sectores económicos compitan con los centrados en los recursos naturales y que prosperen.

Otro motivo por el que los países que ganan mucho dinero con los recursos naturales suelen ser pobres es que normalmente se olvidan de que algún día se quedarán sin ellos y tendrán que acabar desarrollando otros sectores económicos. Esperan que los diamantes y el petróleo sean eternos, no desarrollan otros sectores ni invierten en educación. De ahí que vuelvan a encontrarse en la pobreza cuando se agota el dinero de los recursos naturales.

Todos sabemos de países que, siendo ricos en recursos naturales, son económicamente pobres. Entre ellos figuran Nigeria y Angola, que tienen mucho petróleo; el Congo, rico en minerales; Sierra Leona, rica en diamantes; y Bolivia, rica en plata. Muchos países pueden considerarse afortunados por no tener ni diamantes ni petróleo y por no sufrir los problemas que estos ocasionan.

Pero ya hemos visto que una ubicación tropical no es una maldición fatal. Algunos países tropicales han diagnosticado los problemas derivados de su situación geográfica y han aprovechado ese conocimiento para solucionarlos. Del mismo modo, otros que sufren la maldición de los recursos naturales han utilizado ese conocimiento para encontrar la forma de escapar a ella. Un buen ejemplo es Noruega, que tuvo la desgracia de descubrir enormes reservas de petróleo en sus aguas jurisdiccionales del mar del Norte. El gobierno noruego es uno de los menos corruptos del mundo. Noruega considera que los ingresos petroleros pertenecen a todos sus ciudadanos, no solo a las pocas comunidades situadas en la costa del mar del Norte, y los invierte en un fondo fiduciario a largo plazo.

Del mismo modo Botsuana, uno de los países más pobres de África al acceder a la independencia en 1966, tuvo la desgracia de descubrir diamantes. Pero proclamó que la totalidad de los ingresos que reportara ese producto pertenecían a todos los botsuanos, no solo a los pocos que viven en la zona donde están las minas. Botsuana ha invertido asimismo los ingresos generados por los diamantes en un fondo de desarrollo a largo plazo. Otro ejemplo, en este caso sudamericano, es Trinidad y Tobago, que tuvo la desgracia de encontrar petróleo, pero que ha invertido los ingresos de su explotación en educación y desarrollo.

En resumen, aunque los recursos naturales sean una maldición, esta no tiene por qué ser fatal.

Queda por considerar otra razón geográfica que explica la riqueza o pobreza de los países. No es cierto que las sociedades tiendan a ser más ricas con el paso del tiempo. Lamentablemente hay muchas que con el tiempo se han vuelto más pobres, y muchas que se han derrumbado. Entre los ejemplos conocidos de sociedades del pasado que se empobrecieron y al final se desmoronaron está el de la isla de Groenlandia. Los vikingos noruegos la colonizaron en el 984 d.C., pero unos quinientos años después habían desaparecido de la isla. También están los reinos mayas de México y Guatemala, en su día las civilizaciones indígenas más avanzadas del Nuevo Mundo, que sin embargo se derrumbaron en torno al año 800; y el Imperio jemer de la actual Camboya, con Angkor como centro neurálgico, que, aunque llegó a ser el más poderoso del Sudeste Asiático, entró en decadencia a comienzos del siglo xv.

Resulta que, cuando sociedades ricas del pasado cayeron en la pobreza y se desmoronaron, por lo general hubo problemas medioambientales y demográficos que contribuyeron a esa situación. Por ejemplo, los vikingos de Groenlandia tuvieron problemas con la destrucción del suelo y un clima cada vez más frío; los mayas con la deforestación, la erosión del suelo y la superpoblación; y los jemeres con la gestión del agua, la deforestación y el cambio climático.

Deberíamos tener presente la lección de que los problemas medioambientales y la superpoblación normalmente han ocasionado pobreza y derrumbes de sociedades en el pasado. En nuestro mundo globalizado, cuando los países se empobrecen y se vienen abajo, en general acaban creando problemas que les afectan no solo a ellos, sino también a otros países. Pensemos en la lista de los que en las últimas décadas han causado problemas a terceros, bien por convertirse en emisores de emigrantes o terroristas, bien por el asesinato de muchos de sus propios ciudadanos, bien por haber dado motivos para la intervención de tropas de Estados Unidos o de la Unión Europea. Entre esos países problemáticos figuran Somalia, Afganistán, Ruanda, Burundi, Nepal, Haití, Madagascar y Pakistán. Todos ellos se encuentran en entornos ecológicamente frágiles o muy dañados por la acción humana. Varios están superpoblados.

En el pasado, cuando Groenlandia, los reinos mayas y el Imperio jemer se vinieron abajo, los efectos de su derrumbe no llegaron muy lejos. Pero en el mundo globalizado actual, cuando se desmorona un país, aunque esté en el centro de África o de Asia, es probable que su derrumbe tenga consecuencias en el resto del mundo.

Nuestro análisis de los factores geográficos que contribuyen a la riqueza y la pobreza de las naciones nos lleva a una conclusión práctica: que cuando los donantes extranjeros, como los países de la

Unión Europea y Estados Unidos, quieran ayudar a los países más pobres del mundo, deberían invertir no solo en la creación de instituciones, sino también en sanidad, planificación familiar y protección del medio ambiente. Hoy en día la ayuda exterior no es simplemente, como lo era en el pasado, un acto de generosidad desinteresada y un noble gesto de caridad por parte de los donantes extranjeros. En la actualidad la ayuda exterior es un acto de autoayuda para los propios donantes extranjeros. En el mundo globalizado, los países más pobres pueden causar multitud de problemas a los ricos al convertirse en emisores de imparables oleadas de inmigrantes ilegales, nuevas enfermedades, terroristas y situaciones que invitan a una intervención militar. A la larga, a Estados Unidos y otros países del primer mundo les resultará más barato y eficaz ayudar a los países más pobres a solucionar sus problemas económicos que enfrentarse eternamente a cuestiones tan complejas e irresolubles como la inmigración, las enfermedades y el terrorismo.

2

El papel de las instituciones en la riqueza y la pobreza de las naciones

Uno de los problemas capitales de la economía es el relativo a la riqueza y pobreza de las naciones. Unos países son mucho más ricos que otros. Por ejemplo, Italia y Estados Unidos son mucho más ricos que Etiopía y México. ¿Por qué? En el capítulo anterior he analizado el papel de la geografía, que proporciona parte de la respuesta. En este analizaré la otra parte, que recibe más atención de los economistas que la geografía.

La respuesta habitual de los economistas tiene que ver con las instituciones humanas. No cabe duda de que algunas son especialmente eficaces a la hora de motivar a los ciudadanos a producir, con lo que fomentan la riqueza nacional. Otras se caracterizan por su especial eficacia para desincentivar la producción; de ahí que fomenten la pobreza nacional.

Los ejemplos más convincentes citados por los economistas para defender la importancia de las instituciones apuntan a países adyacentes y con entornos muy similares que, después de constituir una sola nación, han pasado a formar entidades separadas, con instituciones muy distintas y, en consecuencia, con niveles de riqueza muy diferentes. Esos casos ponen de manifiesto la influencia de las instituciones en la riqueza, aun cuando las diferencias geográficas son escasas o casi inexistentes. Los tres casos más citados son: la riqueza de Corea del Sur, que disfruta de un nivel de vida propio del primer mundo, frente al retraso extremo de Corea del Norte; la riqueza de la antigua Alemania Occidental frente al menor nivel económico de la antigua Alemania Oriental, que se mantiene hoy en día, veintiséis años después de la caída del muro de Berlín; y el contraste, en la isla caribeña de La Española, entre Haití, al oeste, el país más pobre del hemisferio occidental, y la República Dominicana, al este, que, sin ser en modo alguno un país rico, sí está en vías de desarrollo, con una riqueza que supera alrededor de seis veces la de su vecino.

No cabe duda de que esos ejemplos constituyen una demostración fehaciente de que las diferencias institucionales pueden ocasionar grandes disparidades de renta nacional, incluso cuando prácticamente no hay diferencias geográficas. Extrapolando este resultado, los economistas concluyen que las instituciones son los principales factores a la hora de explicar por qué unos países son ricos y otros pobres. (En el capítulo 1 ya he explicado la relevancia de los factores geográficos.) En concreto, hablan de las que ellos denominan «buenas instituciones», expresión con que aluden a instituciones económicas, sociales y políticas que motivan a los individuos a producir, contribuyendo al incremento de la riqueza nacional.

Entre los factores que propician las llamadas buenas instituciones, los economistas identifican un mínimo de doce, que a continuación mencionaré, sin intentar colocarlos por orden de importancia. No debe interpretarse que los primeros que cito sean más importantes que los últimos.

1. Un ejemplo evidente de factor que propicia las buenas instituciones es la ausencia de corrupción, sobre todo la gubernamental. Una persona se sentirá mucho más motivada para esforzarse si puede confiar en disfrutar de los resultados de su esfuerzo que si hay una gran probabilidad de que cargos públicos o empresas corruptos los reduzcan o le priven de ellos.

2. Otro factor íntimamente relacionado con la ausencia de corrupción es la protección de los derechos de propiedad privada frente a la confiscación por parte del Estado y el robo cometido por particulares. Una vez más, ¿por qué vamos a esforzarnos si el gobierno tiene leyes que le per-

miten confiscar el fruto de nuestro trabajo o si hay agentes privados que pueden robárnoslo?

3. En términos más generales, se puede mencionar el Estado de derecho, relacionado con los dos factores anteriores. Si hay leyes que determinan lo que debe ocurrir y tales leyes se aplican, entonces sabemos qué hacer y qué no hacer para acumular riqueza.

4. Un ejemplo concreto del Estado de derecho es el cumplimiento de los contratos, tanto públicos como privados. Si firmamos un contrato con el gobierno o con un particular y tenemos la confianza de que las autoridades nos permitirán imponer su ejecución aunque la otra parte pretenda incumplirlo, podremos continuar trabajando con la seguridad de que tendremos la posibilidad de beneficiarnos de nuestro esfuerzo.

5. Hay un conjunto de factores relacionados en cierta forma con los cuatro anteriores: el compuesto por los incentivos y las oportunidades para invertir el capital financiero. No basta con saber que no será confiscado, que no se perderá debido a la corrupción y que se cumplirán las leyes y los contratos. Si el capital solo puede guardarse debajo del colchón y no hay oportunidades para invertirlo, de poco servirá, aparte de para realizar compras. Por el contrario, si puede invertirse para que aumente y produzca más capital, esto supone un incentivo añadido para el esfuerzo. De ahí que los

países con mercados de valores, de capital de riesgo e inmobiliarios que ofrecen la posibilidad de incrementar el capital invertido proporcionen a los ciudadanos la motivación para trabajar.

6. Estos cinco conjuntos de factores que influyen en la calidad de las instituciones están relacionados entre sí. Otro factor, que puede considerarse parte del Estado de derecho, es un bajo índice de asesinatos. En un país cuyos ciudadanos sienten en todo momento que su integridad física está en peligro y que corren el riesgo de ser asesinados, hay que dedicar toda la energía a mantenerse con vida. Esa es la prioridad principal. Esforzarse e invertir el capital tiene que ser secundario cuando ni siquiera se está seguro de poder conservar la vida. Por ejemplo, el índice de asesinatos es bajo en Noruega, que por esa y otras razones es el país más rico del mundo. En cambio, en Honduras el riesgo de morir asesinado es elevado, que por esa y otras razones es un país pobre.

7. Otro conjunto de factores incide en lo que se denomina «eficacia del gobierno». No basta con que este cuente sobre el papel con leyes virtuosas, sino que además debe ser eficaz a la hora de aplicarlas, de concebir políticas que fomenten el crecimiento nacional y de formar y promocionar a funcionarios bien cualificados.

8. Los siguientes cuatro factores se centrarán en las instituciones económicas. A los economistas

les gusta subrayar la importancia de controlar la inflación. Si cabe esperar que la divisa nacional tenga prácticamente el mismo valor dentro de varios años, tiene sentido adoptar una estrategia económica a largo plazo. Pero si hay una inflación galopante, como la de Alemania en 1923, y como la argentina en la actualidad, ¿por qué trabajar para ganar un dinero cuyo valor se reducirá al cabo de pocas semanas o incluso de pocas horas?

9. Los economistas recalcan asimismo la importancia de que el capital fluya sin trabas, tanto dentro de un país como entre diversos países. Las barreras al flujo de capitales, aunque puedan ser necesarias a corto plazo para proteger una economía que se encuentra en sus primeras fases de crecimiento, a la larga son perjudiciales porque impiden que la economía compita con otras economías eficaces.

10. Del mismo modo, los economistas subrayan la importancia de que no existan barreras comerciales. A largo plazo, estas barreras perjudican a la economía al permitir el mantenimiento de industrias ineficientes, que no han de competir con otras más eficientes de terceros países.

11. En relación con los factores mencionados sobre el flujo de bienes y de capitales, los economistas recalcan asimismo el acceso al cambio de divisas. Ciudadanos e industrias tienen una motivación mayor para producir cuando pueden

convertir la moneda nacional en otras monedas, y comprar por tanto productos extranjeros, que cuando se topan con barreras a la conversión de divisas. ¿Por qué un norcoreano habría de trabajar más voluntariamente si solo podrá utilizar su salario para comprar los escasos productos norcoreanos y no los muchos que hay en Corea del Sur?

12. Por último, otro factor en el que los economistas hacen hincapié al hablar de la calidad de las instituciones es la inversión educativa en capital humano. Si un país tiene un buen sistema educativo, la mayoría de sus ciudadanos podrá obtener una formación que les permita acceder a buenos puestos de trabajo. Por su parte, el gobierno desarrollará así el potencial económico de todos los ciudadanos, no solo de los pocos que puedan conseguir una formación.

No cabe duda de que estos factores conducentes a unas buenas instituciones que señalan los economistas explican en gran medida por qué unos países son ricos y otros pobres. Países como Noruega, con buenas instituciones, suelen ser ricos. Países con malas instituciones, como Nigeria, suelen ser pobres. Es decir, es indudable que las instituciones explican en parte la riqueza o pobreza de las naciones.

Pero muchos economistas van más allá. Apuntan que las buenas instituciones son con diferencia la principal explicación de la riqueza y la pobreza de las naciones. En esta interpretación basan muchos gobiernos y organizaciones no gubernamentales sus políticas, ayuda exterior, préstamos y donaciones.

Sin embargo, se reconoce cada vez más que esta explicación basada en las buenas instituciones es incompleta. No es errónea: no cabe duda de que tiene mucho peso; pero es incompleta.

Esta perspectiva de las buenas instituciones es incompleta en un aspecto importante: no dice nada acerca de sus orígenes. ¿Por qué unos países las tienen o otros no? Por ejemplo, ¿por qué los Países Bajos han acabado teniendo instituciones que fomentan el crecimiento nacional de manera más eficaz que las de Zambia? ¿Se debe a un impredecible accidente fortuito que los Países Bajos, y no Zambia, hayan acabado teniendo buenas instituciones? Si pueden surgir al azar en cualquier sitio, ¿por qué resulta tan difícil extenderlas a países que en la actualidad no las tienen?

Dicho de otro modo, la perspectiva habitual que solo hace hincapié en las buenas instituciones confunde lo que podríamos llamar causas inmediatas, o variables dependientes, con las causas últimas, o variables independientes. Para dejar clara la diferencia que quiero establecer entre las causas inmediatas y las últimas, o entre variables dependientes e independientes, permítanme que les hable de una ruptura matrimonial.

Mi esposa, Marie, es psicóloga clínica. En ocasiones recibe a parejas que acuden porque dicen que su matrimonio corre el riesgo de romperse. Mi esposa comienza por pedir a uno de los cónyuges, por ejemplo al marido, que explique por qué cree que su matrimonio está en peligro. Entonces el hombre expresa su opinión: «¡Mi mujer me dio una bofetada! ¡Es un comportamiento terrible en un matrimonio! ¡No quiero seguir casado con una mujer que me abofetea!».

A continuación Marie se vuelve hacia la esposa y le pregunta: «¿Es cierto que le dio una bofetada a su marido?». Ella responde: «Sí, es cierto que se la di». Marie le pregunta: «Entonces, ¿esa bofetada es la razón de la ruptura de su matrimonio?». La mujer responde: «No, no es la verdadera razón de nuestra ruptura. Si le abofeteé, fue por buenas razones: mi marido tenía muchas aventuras con otras mujeres. Esas aventuras son la verdadera causa de la ruptura. No quiero seguir casada con un hombre que no para de tener aventuras. La bofetada se debió a eso, y fue la gota que colmó el vaso en nuestro matrimonio. El verdadero motivo para romper son sus aventuras». Si la esposa estuviera menos furiosa, o si supiera lógica, podría haberse explicado de esta manera: «La bofetada solo fue la causa inmediata de nuestra ruptura, pero la causa última fueron sus líos con otras mujeres».

Marie sabe que no todos los maridos tienen aventuras extraconyugales. Debe de haber una razón concreta para que este hombre en concreto se liara con otras mujeres. ¿Cuál era la razón?

Así pues, Marie se vuelve hacia él y le pregunta: «¿Es cierto que tenía usted aventuras con otras mujeres y que por eso le abofeteó su esposa?». Él responde: «Sí, es cierto que tenía aventuras con otras mujeres». Marie le pregunta: «Pero ¿por qué las tenía?». El marido contesta: «Las tenía porque mi esposa se había vuelto cada vez más fría, no me daba ni amor ni afecto, y tampoco me escuchaba. Soy un hombre normal, que necesita amor, afecto y atención. Por eso tenía aventuras con otras mujeres: para conseguir el amor, el afecto y la atención que cualquier persona desea y merece».

Si el marido hubiera estado menos furioso, o si hubiera sabido lógica, habría contestado: «La bofetada de mi esposa solo fue la causa inmediata de nuestra ruptura. En la cadena de causas, mis aventuras no eran más que el antecedente de esa causa inmediata, pero no fueron la causa última de la ruptura. La causa última fue la frialdad de mi esposa».

Es posible que en otras sesiones terapéuticas Marie indagara más en las causas últimas de la frialdad de la esposa, que podrían ser otros comportamientos del marido o cómo la habían tratado sus padres de niña. Pero no hace falta ahondar más en este ejemplo de terapia matrimonial para dejar claro mi razonamiento. No basta con identificar las causas inmediatas; hay que preguntarse también por las últimas. El terapeuta matrimonial no solucionará la crisis de la pareja considerando que la causa de su ruptura es la bofetada. Si las demás circunstancias de los cónyuges y de su relación no cambian, el matrimonio seguirá teniendo problemas aunque la mujer deje de abofetear al marido. Del mismo modo, los economistas no pueden contentarse con decir que Noruega es un país rico porque muy pocos de sus ciudadanos mueren asesinados, en tanto que Nigeria es pobre porque el número de nigerianos asesinados es muy alto. No cabe esperar que, con solo ordenar a los nigerianos que dejen de matarse entre sí, cesen los asesinatos en el país y este se vuelva rico. Es preciso comprender las causas últimas por las que los asesinatos, la corrupción, el desprecio a los derechos de propiedad privada, el incumplimiento de los contratos y otros factores asociados a la mala calidad de las instituciones son hechos generalizados en Nigeria pero no en Noruega.

Dicho de otro modo, hemos de preguntarnos por el origen de las buenas instituciones. No podemos contentarnos con aceptar que caen al azar del cielo en unos países pero no en otros. Para comprender esos orígenes debemos indagar en las profundas raíces históricas de las instituciones sociales complejas.

Con el fin de comprender los orígenes fundamentales de las instituciones complejas que proporcionan muchas de las explicaciones inmediatas subrayadas por los economistas, debemos retroceder trece mil años en la historia humana, hasta el final de la última glaciación. Hace trece mil años todos los seres humanos eran cazadores y recolectores, no agricultores ni pastores. En comparación con sociedades modernas, populosas y organizadas en estados como las europeas y la estadounidense, los cazadores-recolectores tenían instituciones económicas y sociales sencillas. Vivían en entornos con una densidad demográfica relativamente baja: muchas menos personas por kilómetro cuadrado que en la Europa actual. Generaban pocos excedentes de alimentos que pudieran almacenar para el futuro, o no los generaban. En general, todos los días cazaban o recolectaban los alimentos que consumirían ese mismo día. Por el contrario, los agricultores y ganaderos de Europa y los europeos que compran la producción de los primeros disponen de reservas de alimentos que los abastecerán durante muchas semanas o años.

La mayoría de los cazadores-recolectores eran nómadas: no vivían en casas ni en ciudades o pueblos, sino que trasladaban su campamento a diario o cada pocas semanas siguiendo los movimientos estacionales de la disponibilidad de alimentos. Ninguna sociedad de cazadores-recolectores llegó a tener dinero, monarquías, mercados de valores, impuestos sobre la renta, herramientas de cobre o de acero, automóviles ni bombas atómicas.

¿Cómo se desarrollaron todas esas complejas estructuras durante los últimos trece mil años? ¿Cómo creamos depósitos de alimentos, municipios, euros y dólares, reyes y presidentes, mercados de valores e impuestos sobre la renta? Para tener todo eso hay que contar con instituciones complejas. Unas veces las instituciones complejas son buenas; otras, malas. Pero si una sociedad no tiene ninguna no puede tener instituciones complejas buenas que la vuelvan rica.

Los estudios basados en la historia, la arqueología y otras ciencias demuestran que el desarrollo de instituciones complejas dependió en última instancia de la aparición de sociedades sedentarias con una alta densidad de población que contaban con los excedentes alimentarios almacenables que proporcionaba la agricultura. Es decir, la principal causa última del surgimiento de instituciones complejas es la agricultura, seguida de la aparición de sociedades sedentarias densamente pobladas y provistas de excedentes alimentarios almacenables, proporcionados por la agricultura. Entre los excedentes almacenados figuraban el grano, las legumbres y el queso, cuya producción posibilitaban la labranza y el pastoreo. Esos excedentes pueden utilizarse para alimentar a especialistas no productores de comida, como reyes, banqueros, estudiantes y profesores. De ahí que la agricultura fuera un requisito imprescindible para la aparición de reyes, burócratas, mercaderes, inventores, gobiernos centralizados, comunidades tribales avanzadas y estados, así como para la aparición de la escritura, de las herramientas metálicas, de la economía de mercado, de la lealtad a la nación —en vez de la lealtad al clan—, de ciudadanos alfabetizados y formados, de universidades y de leyes promovidas por gobiernos. Ninguna sociedad de cazadores-recolectores llegó a tener nunca ninguno de esos elementos, los cuales damos por sentados en Europa, Estados Unidos y otras sociedades provistas de Estado.

Sin embargo, si la agricultura fue la causa última de la creación de instituciones complejas, ¿por qué no se desarrolló en todo el mundo, lo cual habría posibilitado el surgimiento de esas instituciones en todo el planeta? ¿Por qué Nigeria no desarrolló una agricultura y unas instituciones tan productivas como Noruega?

Una vez más, la historia, la arqueología y otras ciencias nos demuestran que la agricultura no se desarrolló de manera uniforme en todo el mundo. Para su desarrollo en una región, esta ha de tener plantas y animales silvestres susceptibles de ser domesticados. Pero la distribución en el mundo de esa flora y esa fauna era muy desigual. La mayoría de las especies vegetales y animales no puede domesticarse. No se ha domesticado nunca ni a los robles ni a los osos, porque es imposible. Entre las pocas especies silvestres que sí se prestaban a la domesticación estaban el trigo, el arroz, el maíz, las legumbres, las patatas y las manzanas. Entre las poquísimas especies animales que podían domesticarse figuraban la vaca, la oveja, la cabra, el caballo, el cerdo y el perro.

Las especies vegetales y animales domesticables que eran necesarias para el desarrollo de la agricultura se concentraban en unas pocas regiones del mundo. Curiosamente, escaseaban en aquellas que hoy constituyen los grandes graneros agrícolas, como el valle del Po, California, las Grandes Llanuras de Estados Unidos, los campos de Francia y Alemania y el cinturón triguero de Australia; se hallaban concentradas en la zona de Oriente Próximo denominada Creciente Fértil, además de en China, México, los Andes y otras pocas regiones del mundo. Resulta que la agricultura solo surgió de manera independiente en unos nueve territorios como el Creciente Fértil, que sí contaban con muchas especies vegetales y animales domesticables. En dichos territorios, la agricultura surgió entre el 9000 a.C. en el Creciente Fértil y alrededor del 2000 a.C. en el este de Estados Unidos. De esas pequeñas zonas se extendió luego a otras partes del mundo. Por ejemplo, desde el Creciente Fértil llegó a los Países Bajos en torno al 5500 a.C. y a Italia alrededor del 5000. No llegó a Zambia hasta aproximadamente los tiempos de Jesucristo.

Pero las economías de mercado, los reyes, los recaudadores de impuestos, la escritura, las herramientas metálicas y los demás avances de la civilización se desarrollaron primero en esos nueve territorios donde nació la agricultura o en sus proximidades. En consecuencia, esas nueve zonas, como el Creciente Fértil, y otras a las que la agricultura llegó pronto, como Italia y los Países Bajos, cobraron una enorme ventaja respecto al resto del mundo en el desarrollo de instituciones complejas. No es que los antiguos romanos fueran más inteligentes que los zambianos de la antigüedad, sino que los primeros tuvieron la buena suerte de recibir rápidamente una mayor variedad de plantas y animales silvestres domesticables.

El resultado de esta historia de la agricultura es que diferentes regiones del mundo han experimentado durante períodos de extensión muy diversa con instituciones complejas propias de las sociedades con Estado. En Grecia y China ha habido presencia estatal desde hace cuatro mil años, en

Italia durante unos tres mil, y solo durante unos treinta en cierta parte de Nueva Guinea.

Con el solo recurso de la ayuda extranjera, es difícil condensar en una única generación los resultados de miles de años de desarrollo. Los Países Bajos tienen agricultura desde hace siete mil quinientos años; Zambia desde hace solo dos mil. Los Países Bajos tienen escritura desde hace dos mil años; Zambia desde hace solo ciento treinta. En los Países Bajos existe un Estado desde hace quinientos años; en Zambia desde hace cuarenta. La larga historia de explotación agrícola y de otras instituciones complejas posibilitadas por la agricultura explica que los Países Bajos actuales sean mucho más ricos que Zambia, y que Italia sea mucho más rica que Etiopía.

Hoy en día, los países con una larga historia tanto de explotación agrícola como de estados resultantes de la agricultura tienen una renta per cápita mayor que aquellos cuya historia en ese sentido es más corta, incluso si tenemos en cuenta otras variables, como hacen los economistas. La influencia histórica de la agricultura es enorme. Representa alrededor de la mitad de la varianza explicada al comparar las diferencias de renta per cápita entre países. Incluso cuando se comparan países cuyas rentas seguían siendo bajas hasta hace poco, resulta que algunos como Japón, China y Malasia, con una historia estatal más prolongada, han registrado en los últimos tiempos mayores índices de crecimiento económico que otros como Zambia y Nueva Guinea, cuya historia a ese respecto es más corta. No es menos cierto que la economía de los países con una historia estatal más prolongada crece con mayor rapidez, a pesar de que algunos de los que tienen una historia más breve a ese respecto son mucho más ricos en recursos naturales. Es decir, en la actualidad el desarrollo económico de los países con una historia estatal más larga, aun en el caso de que entraran en la modernidad siendo pobres, ha sido mucho más rápido que el de aquellos con una historia estatal corta.

Esta tendencia general queda de relieve en un conjunto de pronósticos erróneos que la mayoría de los economistas realizó hace cincuenta años. En la década de 1960 Corea del Sur, Ghana y Filipinas eran pobres. Los economistas apostaban entre sí sobre cuál de ellos se haría rico y cuál seguiría sumido en la pobreza. La mayoría pensaba que Ghana y Filipinas estaban a punto de enriquecerse y que Corea del Sur continuaría siendo pobre. Explicaban su predicción señalando que Ghana y Filipinas eran países tropicales cálidos donde resultaba fácil cultivar alimentos y abundaban los recursos naturales. Por el contrario, Corea del Sur era un país frío, con escasos recursos, que no parecía tener nada a su favor.

Evidentemente, la realidad es que hoy en día, sesenta años después, Corea del Sur ha alcanzado el nivel económico de un país del primer mundo, en tanto que Ghana y Filipinas siguen siendo pobres. La explicación es que Corea del Sur linda con China, uno de los primeros lugares del mundo en que se desarrollaron la agricultura, la escritura, las herramientas metálicas y el Estado. Corea no tardó en recibir todo eso de China y en el año 700 ya estaba unida en un solo Estado. De ahí que tenga instituciones complejas desde hace mucho tiempo. Mientras el espantoso régimen actual de Corea del Norte dilapidaba esa ventaja histórica, Corea del Sur, a pesar de la pobreza que padecía en la década de 1950, cuando se libró de cincuenta años de ocupación japonesa, contaba con los requisitos institucionales indispensables para acceder a la riqueza. Solo necesitaba independencia, seguridad militar y ayuda exterior estadounidense para aprovechar sus ventajas. Corea del Sur no tardó en alcanzar un nivel de vida propio del primer mundo. Por el contrario, Filipinas no recibió la agricultura de China hasta el 2000 a.C. y Ghana desarrolló una agricultura de modesta productividad y prácticamente sin animales domésticos en torno al 3000 a.C. Ghana y Filipinas no tuvieron una escritura propia ni estados fuertes hasta la colonización europea de los últimos siglos. En consecuencia, al margen de sus recursos naturales, carecían de la historia de instituciones complejas que permitió a Corea del Sur enriquecerse con rapidez.

Terminaré mencionando un interesante conjunto de factores institucionales que influyen en la riqueza y la pobreza de las naciones. Es preciso preguntarse por qué muchos países no europeos que eran los más ricos de sus respectivas regiones antes de ser colonizados por los europeos en los últimos quinientos años han acabado siendo relativamente pobres. Es decir, esos países han sufrido un «cambio de suerte»: hace quinientos años eran ricos y ahora son pobres. ¿A qué se debe ese cambio?

Según una interpretación planteada por los economistas Daron Acemoglu, Simon Johnson y James Robinson, ese cambio histórico obedeció a las diferentes pautas de la colonización europea. Cuando los europeos comenzaron a expandirse por el globo hace quinientos años, descubrieron algunos países templados y salubres para sus asentamientos que carecían de ricas sociedades indígenas a las que explotar (lugares como los futuros Estados Unidos, Canadá, Australia y Nueva Zelanda). En su expansión, también encontraron países tropicales cuyas enfermedades endémicas les impidieron asentarse en grandes cantidades para explotar la tierra, pero que tenían una densa población indígena con recursos naturales o mano de obra que podía explotarse (como ocurrió en México, Guatemala, Perú, Bolivia, la India e Indonesia). La expansión europea se topó asimismo con países tropicales sin una población indígena numerosa ni recursos que explotar, y no demasiado insalubres para ellos (como Costa Rica). En los países tropicales con una densa población indígena a la que explotar, los europeos no se asentaron en gran número como agricultores o ganaderos independientes; en esos lugares se asentó un número reducido de gobernadores, soldados, sacerdotes y mercaderes que se aprovecharon de la riqueza y la mano de obra de los indígenas. De hecho, en esos países los europeos instalaron gobiernos coloniales con instituciones fundamentalmente corruptas y basadas en la explotación de la población nativa.

Al acceder a la independencia al final de la época colonial, esos territorios antaño ricos heredaron de sus colonizadores europeos las instituciones de gobierno corruptas. Son países que en la actualidad siguen debatiéndose con el peso de la corrupción gubernamental de carácter extractivo. Por el contrario, en aquellos sin una población indígena que pudiera explotarse, los colonos tuvieron que trabajar para ganarse la vida y crearon gobiernos basados en instituciones no extractivas que recompensaban el esfuerzo individual.

Un ejemplo claro de este cambio de suerte se observa en Centroamérica, dividida hoy en día en cinco países: Guatemala, El Salvador, Honduras, Nicaragua y Costa Rica. Cuando los españoles llegaron a Centroamérica, la zona más rica y poblada al sur de la actual frontera mexicana era el territorio que hoy llamamos Guatemala. Los españoles gobernaron toda esa zona mediante un capitán general. La base económica del llamado Reino de Guatemala era la extracción de minerales y el trabajo indígena a través de un opresivo gobierno colonial basado en la presencia de soldados y sacerdotes españoles. Por el contrario, Costa Rica, con escasos recursos naturales y pocos indígenas a los que explotar, solo atrajo a europeos dispuestos a trabajar para sí mismos. Los colonos de Costa Rica crearon instituciones de corte europeo para gobernarse, porque no había suficientes nativos que utilizar como mano de obra ni demasiados recursos que extraer.

Es decir, hasta hace poco Guatemala era la zona más rica de Centroamérica, y Costa Rica la más pobre. Cuando la región centroamericana se independizó de España, formó una federación, que más tarde se desintegró en los cinco países citados al comienzo del párrafo anterior. En la actualidad Costa Rica es el territorio más rico de América Central. Su renta per cápita duplica la de Guatemala y la de sus demás vecinos centroamericanos. En tanto que estos han sufrido dictaduras, Costa Rica es una democracia que funciona. Abolió su ejército en 1948, y su Iglesia no es represiva. En Costa Rica, pero no en sus vecinos, la corrupción se castiga. Hace poco, hubo un momento en que ¡cuatro ex presidentes costarricenses estaban en la cárcel por corrupción! Alguien podría decir: «¿No es terrible que un país tenga cuatro ex presidentes encarcelados por corrupción?». Sí, es terrible, pero peor es tener cuatro que, habiendo sido corruptos, sigan libres, sin que se les haya condenado por corrupción. Los costarricenses resumen su historia diciendo: «A Costa Rica la bendijo su pobreza, mientras que a nuestros vecinos los maldijo su riqueza». Este es un ejemplo del cambio de suerte que sufrieron algunas regiones colonizadas por los europeos.

En suma, unos países son mucho más ricos que otros. Las razones son múltiples y complejas. Quien insista en dar una respuesta simple a esta importante cuestión tendrá que buscarse otro lugar del universo para vivir, porque la vida en la Tierra es realmente complicada.

Las razones se encuadran en dos grupos: las geográficas, analizadas en el capítulo 1, y las relativas al gobierno y las instituciones, comentadas en este. Pero esos dos grupos de razones no son del todo independientes. Las buenas instituciones no caen del cielo, al margen de la geografía, en países que han tenido buena fortuna, sino que tienen su propia historia, que en parte ha dependido de la historia de la agricultura y de sus consecuencias. Entre las repercusiones de la agricultura figura el desarrollo de instituciones complejas como los estados y los mercados. Evidentemente, dichas instituciones pueden ser buenas o malas: pensemos en las malas instituciones complejas de la Corea del Norte actual y de la Alemania nazi de hace unas décadas. Sin embargo, hasta que una zona cuenta con instituciones complejas, no le es posible desarrollar las buenas instituciones que alaban los economistas.

El presente capítulo también nos ha recordado que la riqueza y las buenas instituciones no están garantizadas para siempre. En los últimos quinientos años muchos países que en el pasado eran ricos han sufrido cambios de suerte por haber adquirido malas instituciones. Y en consecuencia han caído en la pobreza. Es una lección que bien haríamos en recordar los estadounidenses, los europeos y otros pueblos.

3

China

China es interesante e importante por diversas razones. Es el país más poblado del mundo, el tercero con mayor extensión territorial, solo detrás de Rusia y Canadá, y una potencia económica y política en proceso de crecimiento. Es una de las dos cunas de la agricultura y de la civilización más antiguas del mundo, y una de las tres más antiguas respecto a la escritura. Culturalmente es la madre de las demás culturas del este de Asia, incluidas la japonesa, la coreana y las de las zonas continentales e insulares del Sudeste Asiático tropical. En parte también influyó en la cultura del nordeste de la India.

Estas son las razones que explican el interés y la importancia de China. A continuación proporcionaré una introducción general sobre el país, desde su geografía física, su población y sus lenguas hasta su comida, su historia y su futuro. Naturalmente, para abordar como es debido este asunto haría falta un capítulo tan largo como un discurso de Fidel Castro, de ocho horas seguidas. Sin embargo, me limitaré a realizar una introducción, omitiendo muchos detalles. Trataré de explicar los datos principales acerca de China y de lo que ha ocurrido en el país durante los últimos diez mil años.

En primer lugar hablaré de su geografía física. China es un país con una gran diversidad geográfica. Posee la meseta más extensa y elevada de la tierra —la tibetana—, algunas de las montañas más altas del mundo y dos de los seis ríos más largos del planeta: el Yangtsé y el Amarillo. Sus ecosistemas son diversos: desde glaciares y desiertos hasta praderas, lagos y selvas tropicales. La zona septentrional es más seca y tiene una pluviosidad más variable que la meridional. Mucho más uniforme es el Sudeste Asiático continental, de clima tropical, que es la región situada al sur de China y comprende, entre otros países, Vietnam y Tailandia: se compone casi en su totalidad de selvas tropicales y bosques estacionales, y no tiene desiertos, glaciares ni montañas elevadas.

Los europeos y los estadounidenses solemos olvidarnos de la amplia extensión que tiene China de norte a sur. Abarca desde los 53 grados de latitud norte hasta los 22 de latitud sur, que es el mismo intervalo de latitudes que va de Berlín al sur de Libia.

Una interesante diferencia geográfica entre China y Europa es que esta se encuentra mucho más fragmentada que la primera. Los principales ríos europeos parten de los Alpes como los radios de una rueda. En cada una de esas grandes cuencas se han desarrollado pueblos, lenguas y culturas propios: por ejemplo, los italianos en la del Po; los franceses en la del Ródano; los alemanes en la del Rin; los húngaros y eslavos en la del Danubio. En cambio, los dos grandes ríos de China discurren en paralelo y, ya desde el comienzo de la historia del país, se comunicaron mediante canales. China carece de grandes penínsulas, mientras que Europa tiene muchas de gran tamaño, como la itálica, la griega, la ibérica y la escandinava. En todas ellas se desarrollaron pueblos, lenguas y países diversos como Italia, Grecia, España y los países escandinavos. Europa tiene dos grandes islas, Gran Bretaña e Irlanda, mientras que China carece de islas de gran tamaño: la extensión de las mayores es equivalente a la de Sicilia y Cerdeña. Europa está dividida en grandes bloques terrestres por altas cordilleras como los Alpes, los Pirineos y, en Italia, los Apeninos. Algunas de esas regiones separadas por cadenas montañosas dieron lugar a pueblos, lenguas y países distintos, como Italia y Alemania, separados por los Alpes; y España y Francia, separados por los Pirineos. Por el contrario, el grueso de China no está dividido por montañas. Más adelante analizaré por qué la fragmentación de Europa y la unidad geográfica de China han tenido una influencia importante en las diferencias históricas entre ambas.

Los habitantes de China son asiáticos orientales y desde el punto de vista antropológico poseen características físicas distintas de los europeos. Tienen el cabello negro y liso y ojos oscuros; no hay rubios ni pelirrojos, y ninguno tiene los ojos azules o verdes. El cabello de la población china solo se torna gris o blanco a una edad muy avanzada, mucho más avanzada que en el caso de los europeos. Apenas tienen vello corporal y la barba de los varones es rala. El rostro es relativamente plano y con pómulos elevados. El rasgo facial más característico son los párpados, que presentan un pliegue llamado epicanto y un depósito de grasa. Es posible que ese pliegue y el depósito de grasa de los párpados se desarrollaran para proteger los ojos del frío.

Quien haya estado en China o conozca a muchos chinos se habrá percatado de las visibles diferencias existentes entre los del norte y los del sur. Los del norte, parecidos físicamente a siberianos, mongoles, japoneses y coreanos, son los que tienen los ojos más característicos. Los del sur son más bajos y sus ojos no son tan distintivos. Se parecen a las poblaciones del Sudeste Asiático tropical, como las de Vietnam, Tailandia, Indonesia y Filipinas. Esto se debe a que sus antepasados procedían de esas zonas tropicales.

Los chinos septentrionales y los meridionales también se diferencian por su dentadura. Cuando los europeos se tocan los incisivos con el dedo o la lengua, advierten que la cara interior es convexa; es decir, los dientes se curvan un poco hacia fuera. A los chinos del sur les ocurre lo mismo. En cambio, en el caso de los chinos del norte y de otros pueblos del Asia septentrional, la cara interna de los incisivos es cóncava, como una pala. Por eso se denominan incisivos en forma de pala. Ustedes mismos podrán comprobarlo si tienen la suficiente amistad con un chino del norte para pedirle que les permita tocarle la cara interna de los dientes.

La mayoría de los habitantes del Sudeste Asiático se parece a los del sur de China. Sin embargo, desperdigadas por todo el Sudeste Asiático se encuentran bolsas de población que no se parecen a los chinos, sino a los neoguineanos, ya que tienen la tez oscura y el pelo rizado. Entre ellas figuran el pueblo semang de Malasia, los habitantes de las islas Andamán y los veda (wanniyala-aetto) de Sri Lanka. Esos pueblos de tez oscura similares al neoguineano diseminados por todo el Sudeste Asiático eran los habitantes primigenios de la región, de los que proceden los neoguineanos actuales y los aborígenes australianos. Esos habitantes primigenios han sido sustituidos sobre todo por los chinos durante los últimos cinco mil años.

Comentemos ahora las cinco familias lingüísticas de China y del Sudeste Asiático. Entre los asiáticos residentes en Europa podemos encontrar hablantes de todas esas familias.

La principal es la llamada sinotibetana, utilizada por unos mil millones de personas. Incluye la que con frecuencia europeos y estadounidenses hemos denominado simplemente lengua china, aunque en realidad se compone de unos ocho idiomas diferentes pero afines, de los cuales el principal es el mandarín. A diferencia del italiano y el inglés, por ejemplo, las lenguas chinas son tonales; es decir, el significado de una palabra depende del tono con que se pronuncia. Otras lenguas tonales sinotibetanas son el tibetano y el birmano.

La segunda familia lingüística del Sudeste Asiático más importante es la llamada austroasiática, con sesenta millones de hablantes distribuidos en bolsas dispersas desde Vietnam al noroeste de la India. Las lenguas austroasiáticas más conocidas son el vietnamita y el camboyano. Al igual que el italiano y el inglés, no son tonales, aunque el vietnamita sí ha tomado tonos de la lengua china.

La tercera familia con más hablantes es la tai-kadai, utilizada por cincuenta millones de personas. La lengua tai-kadai más hablada es el tailandés, idioma de Tailandia. Como el chino, y a diferencia del italiano y el inglés, las tai-kadai son lenguas tonales.

La cuarta familia de las lenguas chinas, más reducida, es la llamada miao-yao, compuesta únicamente por cinco idiomas. Sus seis millones de hablantes se distribuyen en decenas de diminutas bolsas de población situadas entre el sur de China y Tailandia. La lengua de los hmong es la más conocida en Europa y Estados Unidos, porque fue donde se refugiaron muchos de sus hablantes después de la guerra de Vietnam.

Por último hay que mencionar la importante familia lingüística austronesia, en que se encuadran el indonesio y las lenguas de Filipinas. No obstante, en el Asia continental solo se habla en las costas de Malasia y Vietnam.

Pasemos a la comida china: famosa, singular y excelente. La agricultura —es decir, la domesticación de plantas y animales silvestres para convertirlos en cultivos y animales domésticos— solo surgió de manera independiente en unas pocas partes del mundo. Por ejemplo, a Europa llegó del Creciente Fértil, situado en Oriente Próximo.

China es uno de los pocos lugares del mundo en que la agricultura sí surgió de manera independiente. Y ocurrió casi al mismo tiempo que en el Creciente Fértil. Las primeras plantas y animales que domesticaron los chinos de la antigüedad son casi tan importantes como los domesticados en el Creciente Fértil. En China los primeros cultivos y animales domésticos fueron el arroz, el mijo, el cerdo, el perro y el pollo. Posteriormente se domesticaron otros animales, en especial el búfalo de agua, el pato, la oca y el gusano de seda. Más tarde también se domesticaron otros valiosos cultivos, como la soja y otras legumbres, la naranja y otros cítricos, el té, el albaricoque, el melocotón y la pera.

Hablemos ahora de la prehistoria china. El ser humano, en un proceso iniciado hace unos seis millones de años, surgió en África a partir de una línea evolutiva distinta de la del chimpancé. Los fósiles humanos más antiguos hallados en China se descubrieron cerca de Pekín, la capital actual, motivo por el cual se les llamó «hombre de Pekín», utilizando la pronunciación tradicional europea, no la de Beijing, también utilizada en la actualidad. El hombre de Pekín pertenece a la primitiva especie humana conocida como *Homo erectus*.

Se ha debatido si esa antigua población de hombres de Pekín evolucionó hasta el actual pueblo chino, o si fue totalmente sustituida por el *Homo sapiens* moderno, que partiendo de África, se extendió por el mundo hace unos setenta mil años. Una pista a ese respecto es que los fósiles del hombre de Pekín tienen incisivos en forma de pala, como los de los chinos septentrionales contemporáneos. Esto invita a pensar que el *Homo sapiens* moderno, al salir de África, se topó en China con los descendientes del hombre de Pekín, se hibridó con ellos y dio lugar a los chinos actuales. Del mismo modo, en Oriente Próximo el *Homo sapiens* se hibridó con la especie humana conocida con el nombre de neandertal, bien diferenciada. El resultado es que los italianos, estadounidenses, europeos y asiáticos actuales tienen genes neandertales. Sin embargo, solo los chinos septentrionales, pero no los estadounidenses ni los europeos, tienen genes del hombre de Pekín e incisivos en forma de pala.

Al igual que ocurrió en el Creciente Fértil, el desarrollo de la agricultura en China hace unos diez mil años produjo una explosión demográfica. Esta condujo a su vez al desarrollo de herramientas metálicas, estados e imperios, y también de la escritura, que habían surgido asimismo de forma independiente en el Creciente Fértil. Sin embargo, existe una diferencia interesante entre la escritura más antigua de China que se conoce y la del Creciente Fértil. La de esta última región consistía en incisiones en arcilla cocida y al parecer se utilizaba para el recuento de ovejas, trigo y otros productos agrícolas y ganaderos. Por su parte, la escritura china arcaica se plasmaba mediante incisiones o pintando en huesos cocidos de animal. Ni las muescas ni la escritura presentes en esos huesos se empleaban para contar ovejas y trigo, sino para predecir el futuro.

China se unificó políticamente por primera vez en el año 221 a.C., en tiempos del emperador Chin, famoso por los miles de guerreros de terracota descubiertos no hace mucho, que constituyen una atracción turística. Como Chin consideraba que todo lo ocurrido antes de él carecía de valor, ordenó quemar todos los libros publicados con anterioridad en China. Esto supone una desgracia para nuestro conocimiento de la historia del país. Es como si Alejandro Magno, concluyendo que todo lo sucedido antes de su tiempo no valía nada, hubiera ordenado quemar el Antiguo Testamento, la *Ilíada* y la *Odisea* y los diálogos de Platón.

Hasta en torno al año 2500 a.C., mientras en China se desarrollaban la agricultura y los imperios, el Sudeste Asiático tropical seguía habitado por cazadores-recolectores, que probablemente se parecían a los neoguineanos y aborígenes australianos de la actualidad. Sin embargo, a partir de esa fecha los agricultores y ganaderos chinos se extendieron por el Sudeste Asiático tropical, donde sustituyeron a la población primigenia, similar a la neoguineana, que quedó confinada en las pequeñas bolsas de población que aún encontramos en la región. Es probable que esos hombres de campo chinos llevaran al Sudeste Asiático las lenguas de las que derivan los idiomas actuales de las familias sinotibetana, austroasiática, tai-kadai y miao-yao.

Hoy en día, en las sociedades del Sudeste Asiático se observa una importante influencia de la India. Sus sistemas de escritura derivan del alfabeto indio, y las religiones hindú y budista proceden de la India. Sin embargo, la agricultura, la ganadería y la civilización llegaron al Sudeste Asiático por primera vez en torno al 2500 a.C. exclusivamente de la mano de China. La influencia india no comenzó a alcanzar el Sudeste Asiático hasta alrededor del 500 a.C. Del mismo modo, la agricultura, la ganadería y la civilización no se desarrollaron de forma independiente en Europa, sino que llegaron desde el Creciente Fértil.

Por tanto, la agricultura y la ganadería, los imperios, las herramientas metálicas y la escritura surgieron casi igual de pronto en China y en el Creciente Fértil. La antigua China contaba con grandes ventajas, entre ellas ese inicio temprano de la agroganadería y la civilización, una amplia variedad de cultivos y animales domésticos, una población regional muy numerosa y una pronta unificación del país en forma de imperio. El resultado de todas esas ventajas fue que, en la Edad Media, se convirtió en el líder tecnológico del mundo. En China surgieron antes que en ningún otro lugar del planeta ciertos desarrollos tecnológicos, entre ellos los canales con esclusas, el hierro fundido, las minas de gran profundidad, la pólvora, la cometa, la brújula, la imprenta, el papel y los tipos móviles, el timón en la popa de las embarcaciones y la carretilla. Es decir, la China medieval lideró tecnológicamente al mundo.

¿Por qué perdió ese liderazgo? ¿Por qué fueron los europeos, y no los chinos, quienes se expandieron y conquistaron el mundo? De haber conservado su ventaja, los chinos podrían haber colonizado y conquistado Europa, y los italianos hablarían mandarín, no italiano. ¿Por qué en Roma se habla italiano y no mandarín? Esa es una de las grandes preguntas sin resolver de la historia mundial: ¿por qué la China medieval perdió su liderazgo y no colonizó el resto del mundo?

Hay numerosas teorías. En mi opinión, una clave importante es lo que les ocurrió en la Edad Media a las flotas de exploración chinas, llamadas flotas del tesoro. Entre 1405 y 1433 el emperador chino ordenó zarpar siete flotas, al mando del almirante Zheng He. En comparación con las tres pequeñas naves en que Cristóbal Colón cruzó el Atlántico, de Europa a América, las chinas eran enormes. Las flotas se componían de cientos de embarcaciones de cien metros de eslora o más, con una tripulación total de hasta veintiocho mil marineros. Cruzaron Indonesia y, siguiendo la costa del Sudeste Asiático hasta la India, atravesaron el Índico hasta el litoral oriental africano. Una vez acometidas siete ambiciosas travesías, parecía indudable que la siguiente flota lograría doblar el cabo de Buena Esperanza, bordear la costa occidental de África hacia el norte, descubrir Europa e iniciar la conquista china de ese continente.

Pero no fue así. Nunca hubo una octava flota. ¿Por qué?

La explicación radica en que la única persona de China que podía dar la orden de que zarparan flotas tan enormes era el emperador. Y sus consejeros, al igual que los de los emperadores y reyes europeos, se preguntaban si esas costosas expediciones merecían la pena o suponían un derroche. En 1433 la facción opuesta al envío de flotas ganó una lucha de poder en la corte china. El emperador nunca mandó zarpar una octava flota. Por el contrario, cerró los astilleros y prohibió que sus naves surcaran el océano.

De vez en cuando los reyes europeos también tomaron la decisión de dejar de gastar dinero en costosas flotas. La diferencia estriba en que Europa tenía muchos reyes, mientras que en China solo había un emperador. Cuando ese único emperador decidió no enviar más flotas del tesoro, las exploraciones transoceánicas chinas llegaron a su fin.

Comparemos ahora el fin de las flotas chinas con lo ocurrido en Europa, dividida entre decenas de príncipes, reyes y emperadores capaces de ordenar que zarparan flotas. Al italiano Cristóbal Colón se le ocurrió la idea de intentar llegar a Asia cruzando el Atlántico hacia el oeste en tres pequeños naves. Los príncipes italianos le dijeron: «Está loco». Colón se dirigió a continuación al rey de Portugal, que se limitó a reírse. Después acudió a un duque español, que le dijo: «¡Qué idea más absurda!». Acudió a un conde, también español, que gritó: «¡Qué derroche de buen oro!». En su quinta solicitud, Colón se dirigió a los reyes de España, que al principio le dijeron que no. Pero volvió a insistir. Al séptimo intento de Colón, los reyes de España transigieron y le proporcionaron tres pequeños barcos. Todos sabemos el resultado: con esas tres carabelas, Colón descubrió el Nuevo Mundo, regresó y contó su historia. Luego zarparían más buques españoles, y posteriormente otros de diversos países europeos. Algunos hallaron oro y plata en el Nuevo Mundo, lo que dio lugar a una oleada de exploradores europeos.

En suma, la fragmentación política de Europa brindó a Colón un amplio surtido de duques, condes y reyes a quienes pedir ayuda. Incluso después de que cinco príncipes (duques, condes y soberanos) le dijeran que era un idiota, todavía le quedaban monarcas a los que recurrir. Es decir, la fragmentación política de Europa proporcionó a los aspirantes a explorador o inventor muchas oportunidades de obtener apoyo. Por el contrario, en China, dada su unificación política, solo había una persona a quien pedir ayuda: el emperador. Cuando este decía que sí, el explorador chino conseguía mucho apoyo. Cuando el primero decía que no, el segundo no tenía alternativa.

Esta es la explicación que más me convence de por qué China no exploró y conquistó el mundo y sí lo hizo Europa. Radica en que China ha estado unida durante gran parte de los últimos dos mil años en tanto que Europa no ha estado unida en toda su historia. Ni siquiera genios militares y políticos como Augusto, Carlomagno, Napoleón y Hitler fueron capaces de unificarla.

La razón de que China fuera fácil de unificar y de que en Europa esa labor haya resultado imposible es geográfica. Las penínsulas, montañas, islas y ríos de Europa la han mantenido dividida en múltiples unidades políticas. En China, la ausencia de penínsulas, de islas grandes, de montañas centrales y de ríos que fluyan en sentido radial facilitó la unificación y mantuvo unido el país. En unas ocasiones la unidad es una ventaja; en otras, un inconveniente. Para China, la consecuencia de la unidad ha sido una historia compuesta de vaivenes. En cambio, en Europa una decena de príncipes, en una decena de países, han promovido decenas o cientos de experimentos. A lo largo de la historia, en Europa, pero no en China, algún país acaba encontrando un inventor o un explorador que triunfa, y entonces otros países siguen su ejemplo. La de China es una historia de vaivenes; la de Europa no.

Para terminar, ¿qué va a pasar con la China actual?

A fin de comprender la importancia de China, es preciso definir algo denominado «impacto nacional». El impacto de un país en el mundo —es decir, el total de lo que produce o de los recursos que consume— es el resultado de dos variables. El impacto nacional es igual al número de habitantes del país multiplicado por el índice de consumo o de producción per cápita.

China es el país con la mayor población del mundo. Hoy en día sus índices de consumo y de producción per cápita son bajos, pero su economía es de las que más rápido están creciendo entre los países grandes. Si logra alcanzar el mismo nivel de consumo per cápita que los países del primer mundo, su numerosa población hará que el consumo mundial de petróleo se duplique. Sin embargo, ya estamos compitiendo por el suministro de esa materia prima, aunque su consumo en China está muy por debajo de los del primer mundo. Si en China el consumo de metal per cápita llegara a equipararse al del primer mundo, el consumo mundial de metal también se duplicaría.

Pensemos en qué es ya China el primer o segundo consumidor y productor del mundo. Ya es el primer productor y consumidor de carbón; el principal productor de acero, cemento, televisores y alimentos producidos mediante acuicultura; el primer consumidor de fertilizantes; el segundo productor de dióxido de carbono; el segundo importador de madera tropical; el segundo productor y consumidor de pesticidas; el segundo productor de electricidad y el segundo consumidor de energía y petróleo. Consume un tercio del pescado y del marisco que se consume en el mundo.

Así es, a pesar de que los índices de consumo y de producción per cápita de China todavía están muy por debajo de los del primer mundo. Si el consumo y la producción de China alcanzan el nivel de los del primer mundo, su impacto mundial será enorme.

China ya sufre graves problemas medioambientales y demográficos. Su aire y su polvo contaminados llegan hasta Corea, Japón, Canadá y

Estados Unidos. El número de automóviles se ha disparado en el país. La calidad del aire y del agua es tan mala que la esperanza de vida de un guardia de tráfico que trabaje en las calles de Pekín es de solo cuarenta y dos años. Los océanos de China están contaminados. El terreno del país padece una grave erosión: cuando desechamos un televisor o un móvil viejos, es muy probable que acabe en China en forma de basura electrónica. Los metales extraídos de nuestros televisores viejos se arrojan en los vertederos a cielo abierto que rodean las ciudades chinas. El norte del país ya sufre una grave escasez de agua, hasta el punto de que en ocasiones los grandes ríos carecen de caudal que verter al océano.

Estas son algunas de las cosas negativas que ocurren en China, esa nación enorme y unida. Cuando el gobierno italiano toma una decisión errónea, los perjudicados son los 60 millones de habitantes del país. Cuando el que se equivoca es el gobierno de China, los perjudicados son sus 1.500 millones de ciudadanos. A veces el gobierno chino toma decisiones acertadas. Por ejemplo, decidió con rapidez retirar el plomo de la gasolina en el plazo de un año, algo que en Estados Unidos costó diez. En 1998 China acabó con la tala de bosques primarios en todo el país. Pero su gobierno también ha tomado decisiones terribles, como la de cerrar todas sus escuelas durante la Revolución Cultural o la de permitir o fomentar la contaminación a gran escala.

Dicho de otro modo, China experimentó vaivenes en el pasado, cuando envió a los mares siete flotas del tesoro y luego decidió no fletar más. China sigue experimentando vaivenes. ¿Cómo terminará esto?

En mi opinión, democracias como las europeas y la estadounidense tienen una ventaja intrínseca respecto a dictaduras como la china. Cuando los estadounidenses pensamos en lo que hace nuestro gobierno democrático, y cuando los europeos piensan en lo que hacen los suyos, es fácil que nos sintamos asqueados y pesimistas respecto a la democracia. Pero recordemos las palabras de Winston Churchill. En una ocasión en que alguien le explicaba por qué la democracia es una forma de gobierno débil y dubitativa, Churchill replicó: «Sí, la democracia es realmente la peor forma de gobierno, quitando todos los demás sistemas que se han probado en la historia».

Por eso creo que China no alcanzará el nivel de la Unión Europa o Estados Unidos. Pero en las próximas décadas veremos en qué acaba esa situación.

4
Crisis nacionales

Los individuos, y también los países, sufren crisis de las que pueden o no salir airosos y en las que realizan cambios selectivos. La bibliografía sobre la resolución de las crisis personales es extensa. ¿Acaso las conclusiones sobre la resolución de crisis personales son aplicables a la resolución de crisis nacionales? ¿Qué rasgos de las segundas no tienen paralelismo en las primeras?

Para darles ejemplos de crisis individuales y crisis nacionales, les contaré dos historias. Uno de los primeros recuerdos de mi infancia que puedo fechar es el del incendio del Coconut Grove, porque ocurrió cuando acababa de cumplir cinco años. El 28 de noviembre de 1942 se declaró un incendio en un club nocturno de Boston llamado Coconut Grove, que estaba abarrotado y cuya única salida quedó bloqueada. Cuatrocientas noventa y dos personas fallecieron a causa de las quemaduras, la inhalación de humo o pisoteadas. Los hospitales de Boston se llenaron, no solo de heridos y víctimas agonizantes del fuego, sino también de víctimas psicológicas de la tragedia: personas consternadas porque su marido, esposa, hijo o hermano había muerto de una forma horrible, así como supervivientes del incendio, traumatizados por el sentimiento de culpa de haber sobrevivido cuando cientos de personas que estaban con ellos habían perecido. Hasta las diez y cuarto su vida había sido normal: dedicaban la noche a celebrar el fin de semana de Acción de Gracias, a ver un partido de fútbol americano, a disfrutar del permiso militar en esa época de guerra. A las once, la mayoría de las víctimas ya había muerto y la vida de sus parientes estaba en crisis. Esos allegados habían perdido a alguien fundamental para su propia identidad. La trayectoria vital que esperaban tener había descarrilado. Se sentían culpables por estar vivos tras la muerte de un ser querido. Su fe en un mundo regido por la justicia se había hecho añicos. Algunos de esos parientes y supervivientes siguieron traumatizados y paralizados el resto de su vida. Unos pocos se suicidaron. Pero la mayoría, después de varias semanas de profundo dolor en las que fueron incapaces de aceptar la pérdida, inició un lento proceso de duelo, reconsideración de sus valores, reconstrucción de su vida y descubrimiento de que no todo en ella se había desmoronado. Muchos volvieron a casarse. Con todo, al cabo de varias décadas, incluso quienes mejor se las habían arreglado seguían siendo un mosaico compuesto por la nueva identidad, constituida tras la crisis del Coconut Grove, y por la antigua, desarrollada antes del incendio.

Este es un ejemplo extremo de crisis individual. Veamos ahora uno de crisis nacional. Entre finales de la década de 1950 y comienzos de la de 1960 residí en el Reino Unido, que en aquella época entraba lentamente en una crisis nacional, aunque en ese momento ni mis amigos británicos ni yo éramos del todo conscientes de la situación. El país era una potencia científica mundial, tenía la dicha de contar con una rica historia cultural, orgullosa y singularmente británica, y seguía deleitándose en el recuerdo de la riqueza, el imperio y el dominio mundial. Por desgracia, también se desangraba económicamente, perdía su imperio y su poder, tenía sentimientos encontrados respecto a su papel en Europa y se debatía con sus arraigadas diferencias de clase y con las recientes oleadas de inmigrantes. La situación llegó a su punto crítico entre 1956 y 1961, cuando el Reino Unido se deshizo de todos los acorazados que le quedaban, sufrió los primeros disturbios raciales y vio cómo la crisis de Suez dejaba al descubierto su pérdida de capacidad para actuar como potencia mundial independiente. Esos reveses atizaron el debate entre la población británica y sus políticos acerca de la identidad y el papel del Reino Unido. Hoy en día, cincuenta años después, el país es un mosaico constituido por su antigua identidad y la nueva. Se ha despojado del imperio, ha entrado en la Unión Europea, se ha convertido en una sociedad multiétnica relativamente tolerante y ha creado un Estado del bienestar y excelentes escuelas públicas para reducir las diferencias de clase. Aunque vuelve a situarse entre las naciones más ricas del planeta, no ha recuperado su preponderancia naval y económica sobre el mundo. Pero sigue siendo una democracia parlamentaria encabezada por una reina decorativa, es una potencia científica y tecnológica y conserva la libra esterlina en vez de adoptar el euro.

Estas dos historias nos sirven para ilustrar el tema de este capítulo. Las personas y los grupos humanos de todos los niveles, desde los individuos a los países y el mundo entero, se enfrentan a crisis y a presiones en favor del cambio. Las crisis pueden deberse a presiones externas —como el hecho de ser abandonado por el cónyuge o de enviudar, o las amenazas a una nación por parte de otra— o a presiones internas —por ejemplo, descubrir los cambios que experimentamos con la edad, o la evolución económica en el caso de una nación—. Para sobrellevar adecuadamente esas presiones externas e internas es preciso introducir cambios selectivos. Así es tanto en el caso de las naciones como en el de los individuos.

Estos son algunos de los paralelismos que pueden establecerse entre los individuos y las naciones respecto a las crisis. Pero también hay diferencias evidentes, como que las crisis individuales pueden resolverse con mayor rapidez; que las nacionales entrañan problemas de liderazgo y toma de decisiones colectiva que no se les plantean a los individuos; y que las nacionales pueden comportar revoluciones violentas o evoluciones pacíficas.

Hablemos primero de las crisis personales. La mayoría sufrimos una crisis personal grave al menos una vez en la vida; es decir, nos encontramos ante un problema que consideramos imposible de superar con los métodos que solemos utilizar para solucionarlos, lo cual nos sume en un mar de dudas acerca de nuestra identidad, nuestros valores esenciales y nuestra visión del mundo. Para la mayoría, una crisis personal no es algo que, como el incendio del Coconut Grove, llegue a los titulares de prensa, pero no deja de ser devastadora para quien la sufre. Entre las causas más corrientes de este tipo de crisis figuran problemas interpersonales como el divorcio o el fin de una relación estrecha. Otras causas habituales de crisis personales son la muerte de un ser querido; el diagnóstico de una enfermedad grave a uno mismo o a un allegado, lo cual nos lleva a dudar de nuestro futuro y de la existencia de justicia en el mundo; acontecimientos laborales como un despido o la jubilación; un grave revés económico; la crisis de la mediana edad, cuando tenemos la sensación de dejar atrás los mejores años de la vida y nos esforzamos por fijarnos objetivos satisfactorios para el resto de nuestra existencia.

Todos hemos observado que el resultado de las crisis personales es diverso. En los mejores casos, la gente logra adoptar nuevos valores y sale más fuerte. En los más tristes, las personas se sienten abrumadas, no encuentran la forma de superar la situación e incluso llegan a suicidarse.

¿Cómo lidia un orientador o terapeuta con alguien que sufre una crisis personal? Evidentemente, los métodos tradicionales de orientación o psicoterapia, que al centrarse en problemas crónicos son de larga duración, no sirven en una crisis porque son demasiado lentos. La terapia de crisis debe centrarse únicamente en la crisis del momento. Desarrolló sus primeros métodos después del incendio del Coconut Grove, cuando los terapeutas y orientadores de Boston se sintieron abrumados por las víctimas psicológicas de la tragedia. Tal como ha evolucionado, la terapia de crisis consiste en solo seis sesiones semanales de una hora, las cuales abarcan el período de crisis aguda, que acostumbra a durar seis semanas.

Las personas que caen por primera vez en

una crisis suelen sentirse paralizadas por la sensación de que todo va mal. De ahí que el primer paso para superar la parálisis consista en lo que se denomina «levantar una cerca»; es decir, identificar lo que realmente va mal, para poder decir: «Dentro de la cerca están los problemas concretos de mi vida, pero fuera todo está bien». A continuación la persona puede iniciar un proceso de cambio selectivo para afrontar esos problemas concretos que hay dentro de la cerca, lo cual es posible, en vez de quedarse paralizada por la aparente necesidad de cambiarlo todo, lo cual es imposible.

Los terapeutas expertos en crisis han identificado ciertos factores que permiten más o menos predecir si un individuo logrará superar una crisis. Entre ellos figuran:

- La flexibilidad de carácter, en lugar de la rigidez.
- Algo llamado fortaleza del yo, relacionada con la confianza en uno mismo.
- La confianza que proporciona haber logrado introducir cambios selectivos con anterioridad.
- Haber contado con libertad para tomar decisiones por uno mismo en la infancia y la adolescencia.
- La libertad de elección que surge de no estar condicionado por problemas verdade-

ramente graves como los monetarios o situaciones de peligro físico constante.
- La capacidad de tolerar la ambigüedad y el fracaso, porque el primer intento de encontrar una solución puede fracasar.
- Disponer de modelos de amigos de los que sea posible aprender a solucionar el problema que tenemos.
- Apoyo emocional y material de los amigos.

Pasemos a un ejemplo de crisis nacional. La evolución de Japón durante la llamada Restauración Meiji (1868-1912) constituye el ejemplo contemporáneo más destacado de aplicación eficaz de cambios selectivos drásticos. La crisis japonesa estuvo provocada por la llegada en 1853 de buques de guerra estadounidenses al mando del comodoro Matthew Perry, quien exigió un tratado que pusiera fin a los siglos de aislamiento diplomático nipón. Durante los años siguientes, los bombardeos de los puertos japoneses por buques occidentales demostraron que el jefe militar que gobernaba Japón, llamado sogún, no podía defender el país de la agresión occidental y que se arriesgaban a correr la misma suerte sufrida hacía poco por China: derrotas militares y humillantes exigencias occidentales. De ahí que un grupo de jóvenes reformistas derrocara al sogún, restaurara el teórico dominio imperial encarnado en un nuevo y joven emperador de la dinastía Meiji e iniciara un transformador tratamiento de choque destinado a equiparar militar y políticamente a Japón con Occidente.

Así se produjeron cambios drásticos pero selectivos. Japón acabó con el feudalismo, las milicias privadas de los samuráis y el complejo sistema de clases. Se dotó de educación universal, una bandera nacional, exámenes de acceso al funcionariado, un gobierno constitucional con un consejos de ministros; se industrializó; introdujo el ferrocarril, el telégrafo, el alumbrado público de gas, un ejército nacional bien entrenado, el servicio militar obligatorio, la propiedad privada de la tierra y la música y el teatro occidentales. Tomó y aprendió muchas cosas de Occidente buscando en todas las esferas el modelo foráneo más eficaz y compatible con sus propios valores. Por ejemplo, durante la época Meiji los países europeos con una armada y un ejército de tierra más potentes eran el Reino Unido y Alemania, respectivamente, de manera que Japón reconstruyó su marina de guerra con ayuda británica y su ejército con ayuda germana. La nueva Constitución nipona tomó como modelo la alemana, no la estadounidense, ya que la primera se basaba en la presencia de un emperador fuerte, más acorde con las tradiciones japonesas. El código penal siguió el modelo francés, y el mercantil se inspiró en el alemán.

La educación universal japonesa, basada, con modificaciones, en modelos occidentales, aspiraba a impartir valores culturales nipones. Al mismo tiempo que se producían todos esos cambios drásticos, se mantuvieron gran parte de las tradiciones nacionales, como la lealtad al emperador, venerado por considerársele divino; el sintoísmo, el confucianismo y la devoción filial; la escritura japonesa, en vez del alfabeto occidental; y otros rasgos por los que Japón continúa siendo la sociedad más singular del primer mundo.

Entre 1874 y 1914 Japón se embarcó en un programa de expansión militar en ultramar que, siendo ambicioso, se atuvo a objetivos realistas y factibles. Un elemento capital de su éxito a la hora de aprender de los modelos europeos adecuados y mantener una actitud realista fue que se envió a jóvenes reformistas a estudiar en Europa y que, a su regreso, se les puso a cargo de las políticas nacionales en que se habían formado.

La historia de Japón durante la Restauración Meiji resulta instructiva para nosotros, porque en el cambio nacional que se produjo en esa época destacan por lo menos seis de los factores que los terapeutas especializados en crisis consideran importantes para acometer cambios personales de manera satisfactoria. En el caso de la Restauración Meiji, entre esos factores figuraban los siguientes:

- El primero y más importante, el levantamiento de una cerca: muchos líderes japoneses reconocieron que algunas cosas tenían que cambiar, pero estaban asimismo decididos a que el país no adoptara de manera indiscriminada las costumbres occidentales.
- El segundo fue que Japón se mantuvo anclado en ciertos valores esenciales irrenunciables, como la lealtad al emperador, considerado divino, y a los valores culturales propios.
- El tercer factor del éxito podría denominarse fortaleza del yo japonés; es decir, la confianza en la singularidad y superioridad de la nación.
- El cuarto fue la voluntad de aprender de los modelos occidentales en materia de educación, gobierno, industrialización, ejército de tierra y armada, entre otras.
- El quinto factor consistió en el apoyo de Estados Unidos, el Reino Unido, Francia y Alemania, que acogieron, enseñaron y formaron a misiones japonesas.
- Finalmente, como nación insular, Japón gozaba de una considerable libertad para tomar decisiones: al no lindar con ningún otro país, no sufre la presión acuciante de los vecinos con que se comparten fronteras terrestres.

El japonés es un ejemplo de resolución satisfactoria de una crisis nacional. Hay otros muchos países que han resuelto sus crisis con diversos grados de éxito. Entre ellos figuran los siguientes:

- El Reino Unido, que después de la Segunda Guerra Mundial tuvo que enfrentarse al declive económico, el descontento social y el fin del imperio.
- Italia durante el Risorgimento, tras la Primera Guerra Mundial y de nuevo tras la Segunda Guerra Mundial.
- Alemania en 1848, 1870 y 1968, años en los que tuvo que enfrentarse a distintos problemas relacionados con la unificación y reunificación.
- Francia durante el levantamiento que llevó al poder a De Gaulle en 1958.
- Australia a partir de la década de 1960, cuando fue desprendiéndose de los lazos y la identificación con el Reino Unido y puso fin a las políticas de la llamada «Australia blanca».
- Estados Unidos cuando Roosevelt accedió a la presidencia en 1933, en plena Depresión, y de nuevo inmediatamente después de Pearl Harbor.
- Chile durante el mandato del presidente Allende y después con el general Pinochet.

Estas crisis nacionales no siguieron una pauta uniforme, sino que presentan importantes diferencias entre sí.

- Las crisis implicaron una revolución violenta en la Alemania de 1848 y en la Indonesia de 1948 y de 1966, pero no en las ocurridas en el Reino Unido y Australia tras la Segunda Guerra Mundial.
- Tuvieron un detonante externo en el caso de Japón, que se abrió al resto del mundo a consecuencia de la visita del comodoro Perry, y de Australia, que vio cómo menguaba el apoyo militar y comercial que venía recibiendo del Reino Unido.
- En cambio, hubo un detonante interno en las demandas de cambio social que se produjeron en el Reino Unido cuando en 1945 el Partido Laborista llegó al poder con una abrumadora mayoría, y durante la década de 1960 en la República Federal de Alemania, donde el proceso culminó con una serie de protestas estudiantiles y con la elección del primer canciller del SPD de la posguerra.
- Una serie de líderes inconfundibles y singulares desempeñaron un papel importante, para bien o para mal, en el desarrollo de ciertas crisis: en la Italia de la década de 1850 fue Ca-

vour; en la Alemania de los años 1860, Bismark; en el Chile posterior a 1973, Pinochet; y en Indonesia, a partir de 1965, fue Suharto.
- Sin embargo, en la Restauración Meiji no hubo ninguna figura dominante, ni tampoco en los cambios registrados en el Reino Unido entre 1945 y 1979.
- En el contexto británico de 1945, las transformaciones partieron de un amplio programa basado en una concepción unificada del país, y lo mismo ocurrió en Australia durante el breve período en que Gough Whitlam fue primer ministro, pero por lo demás los cambios producidos en ambos países se desarrollaron de modo poco sistemático y sin apenas concepción unificada.
- Después de la Segunda Guerra Mundial el Reino Unido aprovechó su satisfactoria experiencia en la solución de la crisis militar de 1940. Por el contrario, al acceder a la independencia Indonesia carecía de experiencia de gobierno nacional.
- Durante la Restauración Meiji Japón disfrutó de una considerable libertad de acción por ser una nación insular sin fronteras terrestres.
- En 1932 y 1941 Estados Unidos también disfrutó de una gran libertad de acción al estar protegido por el océano en dos de sus

lados y limitar en los otros dos con vecinos mucho menos populosos.
- En cambio, Alemania se vio gravemente condicionada en todas las crisis posteriores a 1848 al compartir frontera con una decena de vecinos, varios de ellos poderosos. Italia se ha visto asimismo condicionada por sus vecinos.

Por tanto, las crisis nacionales han presentado importantes diferencias.

Apliquemos ahora este marco a los crecientes problemas de Estados Unidos. La mayoría de sus ciudadanos no diría que estemos en crisis. Pero las señales de alarma son evidentes.

Para mantener la perspectiva, no voy a despotricar contra Estados Unidos diciendo que todo va de capa caída y que China se convertirá sin duda en la próxima potencia mundial. China tiene ante sí problemas más importantes que nosotros. Estados Unidos cuenta con grandes ventajas: tenemos la mayor economía del mundo, el ejército más poderoso del planeta y la renta per cápita más elevada de los países grandes.

Por población, somos el tercer país del mundo. Los que ocupan el primero, el segundo y el cuarto puestos —China, la India e Indonesia, respectivamente— tienen rentas per cápita inferiores a la nuestra y, en consecuencia, economías más pequeñas. La geografía nos ha obsequiado con excelentes bienes inmuebles: los cuarenta y ocho estados contiguos del país se hallan en las zonas templadas, que son las más productivas del mundo desde el punto de vista agrícola y las más seguras desde el sanitario; contamos con suelos fértiles generados por ciclos glaciales constantes; el régimen de lluvias es moderado en casi todo Estados Unidos, y la longitud de nuestras costas y ríos navegables nos permite disponer de transporte marítimo a precios asequibles. Además, la historia de nuestra democracia es larga e ininterrumpida, y ese sistema político, como dijo Winston Churchill, es, a pesar de sus desventajas, la peor forma de gobierno, quitando todas las alternativas que se han probado en un momento u otro. Nuestro sistema federal permite la existencia de cincuenta experimentos distintos, para ver cuál funciona mejor. Siempre hemos tenido el control político de nuestros ejércitos. La corrupción política es relativamente escasa en comparación con la del resto de países. Históricamente hemos invertido en capital humano.

Es decir, Estados Unidos ha disfrutado de múltiples y enormes ventajas. Pero los países pueden desperdiciar sus ventajas, como ha hecho Argentina. Se observan preocupantes indicios de que hoy en día Estados Unidos podría estar dilapidando las suyas. Entre las principales señales de alarma figuran cuatros factores interconectados que contribuyen al declive de la democracia estadounidense, que históricamente ha sido uno de nuestros activos.

Una de esas señales es el derrumbe acelerado del acuerdo político, en especial durante la última década. Sobre todo el gobierno federal está paralizado. y durante este año el Congreso ha aprobado menos leyes que ningún otro Congreso reciente. La razón de que Estados Unidos sufra más que otras democracias este rápido derrumbe del acuerdo sigue siendo un misterio. Entre los posibles motivos conjeturados figuran la extensión de la televisión, de internet y de los mensajes de texto, lo cual supone un declive de la comunicación cara a cara; el transporte aéreo, que permite a los congresistas regresar los fines de semana a sus respectivos estados, en lugar de quedarse en Washington, relacionarse entre sí y conocerse humanamente; y la tendencia actual a informarnos a través de televisiones con una ideología específica. Pero esos factores también actúan en Europa, Canadá, Japón y Australia, de modo que sigue siendo un misterio por qué el acuerdo político se derrumba especialmente en Estados Unidos.

El segundo indicio del derrumbe de la democracia estadounidense tiene que ver con el voto, punto de partida de cualquier democracia. Los partidos que controlan los gobiernos municipales y estatales ponen cada vez más obstáculos a quienes se registran para votar, con la intención de negar ese derecho a personas que probablemente votarán al otro partido. Entre los que sí logran registrarse para votar, la participación electoral es menor que en ninguna otra democracia: solo del 60 por ciento en las presidenciales y del 20 por ciento en los últimos comicios municipales de mi ciudad, Los Ángeles. Ninguna democracia iguala a Estados Unidos en la celebración prácticamente ininterrumpida de campañas electorales, ni tampoco en la distorsión de la información que sobre ellas se ofrece a los ciudadanos a consecuencia de la gran cantidad de dinero necesaria para financiar los enormes gastos que generan.

Un tercer factor que contribuye al derrumbe de la democracia estadounidense es la desigualdad socioeconómica, que va en aumento. Los estadounidenses pensamos que nuestro país es la tierra de las oportunidades ilimitadas, donde la gente puede pasar de los harapos a la riqueza gracias a su capacidad. Por desgracia, esa preciada creencia contradice la verdad: en Estados Unidos la movilidad socioeconómica es menor que en ninguna otra gran democracia y la correlación entre los ingresos del padre y los del hijo varón es mayor que en otros países democráticos. Se debe en parte al deterioro de nuestro sistema de educación pública y significa que estamos desaprovechando en buena medida nuestro capital humano. Además de ser una mala inversión, esto incrementa el riesgo de que quienes se sienten frustrados al darse cuenta de que ellos y sus hijos tienen pocas posibilidades de mejorar su vida recurran al motín, como ha ocurrido en dos ocasiones, a gran escala, en el transcurso de las décadas que llevo viviendo en Los Ángeles.

El último factor que socava la democracia estadounidense es que en la actualidad el gasto de nuestro gobierno en inversiones públicas beneficiosas es relativamente escaso, y esa partida incluye no solo la educación pública, sino también las infraestructuras, la ciencia, la tecnología y la investigación y el desarrollo no militares. El gobierno dedica una proporción mucho mayor de sus ingresos fiscales a cuestiones que no constituyen inversiones de futuro: el sistema penitenciario, que hace más hincapié en la reclusión y el castigo que en la rehabilitación; los gastos sanitarios destinados a objetivos que, en lugar de contribuir a mejorar la salud de los estadounidenses, hacen que tengamos los peores indicadores sanitarios entre las democracias importantes; y el gasto militar, que puede considerarse una inversión, aunque cabría preguntarse por qué destinamos una cifra desproporcionada a la seguridad militar de la Unión Europea,

Japón y Australia. ¿No deberían esos países sufragar lo que les corresponde?

Debido a estos cuatro factores se está gestando una crisis en Estados Unidos. ¿Qué pronóstico arroja mi marco de referencia respecto a la posibilidad de que encontremos una solución adecuada a esa crisis? En dicho marco hay cuatro factores que favorecen el éxito: la fortaleza del yo estadounidense; la convicción de que Estados Unidos es el mejor; nuestra flexibilidad, evidenciada en los grandes cambios que han experimentado nuestros valores fundamentales respecto al papel internacional del país, la igualdad racial y la de género; y nuestra relativa libertad de elección, que surge de nuestra ubicación entre dos océanos y entre dos países mucho menos poblados, y que contrasta con la de las naciones europeas y Japón, que cuentan con vecinos poderosos.

Sin embargo, en mi marco de referencia hay factores que podrían inducir al pesimismo sobre la posibilidad de que Estados Unidos resuelva sus problemas. Uno de ellos es la creencia de la singularidad estadounidense, que nos lleva a pensar que no tenemos nada que aprender de los demás países, por lo cual no vemos que nuestro vecino Canadá y los estados europeos han abordado de forma más satisfactoria que nosotros los problemas penitenciarios, sanitarios y de educación. Una segunda razón para el pesimismo es que nuestro país, al contrario que el Reino Unido, Alemania y Japón, apenas tiene experiencias de frustración y derrota.

En suma, no sé si los estadounidenses continuaremos desperdiciando nuestras ventajas ni si decidiremos darle la vuelta a nuestros abultados problemas como hizo el Japón de la época Meiji.

Para terminar, ¿qué hay de los problemas que tiene ante sí el mundo en su conjunto? Tres destacan por su importancia.

Un problema global es la creciente desigualdad entre las naciones en un mundo globalizado. Cuando los océanos protegían a los países ricos de los más pobres, esas pobres gentes frustradas no suponían un peligro para Estados Unidos y Europa. Pero en este mundo globalizado el 11 de septiembre de 2001 dejó claro que ahora los frustrados de los países pobres tienen formas de conseguir que nos alcancen su furia y su frustración, tanto por medios violentos como mediante una emigración imparable.

Un segundo problema mundial es la creciente escasez de recursos naturales y la extensión del deterioro medioambiental, de modo que los recursos son cada vez menores, especialmente en lo que se refiere a la industria pesquera, los bosques, el mantillo y el agua potable.

Un tercer problema que exige una respuesta

mundial es el cambio climático, que con frecuencia se denomina erróneamente calentamiento global pero que va mucho más allá de este proceso, ya que está acentuando los fenómenos climáticos extremos, las tormentas y la acidificación del suelo, además de elevar el nivel de los mares y producir otros efectos globales.

Al igual que en el caso de los problemas que afectan a Estados Unidos, los del mundo ofrecen motivos tanto para el pesimismo como para el optimismo. Entre los primeros, uno muy importante es la ausencia de un sistema de gobierno eficaz para el mundo, que permita tomar decisiones y afronte sus problemas. Por otra parte, la concentración de la riqueza y el poder en unos pocos países induce a un prudente optimismo. Solo Estados Unidos y China producen el 41 por ciento de las emisiones mundiales de dióxido de carbono. Y solo cinco países o entidades —Estados Unidos, China, la India, la Unión Europea y Japón— producen el 60 por ciento. Esto significa que, aun a falta de un gobierno mundial eficaz, mucho podría lograrse mediante un acuerdo a cinco bandas entre Estados Unidos, China, la India, Japón y la Unión Europea, que mediante la imposición de barreras fiscales podrían presionar a los emisores del 40 por ciento de dióxido de carbono restante.

Una vez más, está por ver qué decidirán los líderes y ciudadanos del mundo.

5

Evaluación de riesgos: ¿qué podemos aprender de los pueblos tradicionales?

En el presente capítulo analizaré cómo evaluamos los riesgos y peligros; cómo sistemáticamente exageramos unos tipos de riesgos y subestimamos otros. En concreto me ocuparé de nuestra tendencia a no tener en cuenta el peligro de ciertas acciones que solo entrañan un pequeño riesgo cada vez que las realizamos, pero que probablemente realicemos miles de veces, y de lo que podemos aprender de la forma en que pueblos tradicionales como el neoguineano evalúan los riesgos.

Primero les explicaré algo que me ocurrió cuando comencé a trabajar en Nueva Guinea y lo que me enseñó acerca de la actitud de sus habitantes ante el peligro. En aquel entonces yo desconocía los peligros de Nueva Guinea. No sabía mucho sobre el miedo en general, porque era joven —solo tenía veintiocho años— y mi actitud era la habitual entre los jóvenes como mis hijos, que tienen veintisiete. Me sentía indestructible y pensaba que los mayores —personas como mis padres— se preocupaban demasiado por el peligro y que los peligros podían causarles daño a ellos, pero no a un joven fuerte como yo.

La historia ocurrió cuando efectuaba un estudio ornitológico. Estaba acampado con un grupo de neoguineanos en una selva montañosa y, como ya había terminado mi observación de las aves en cotas bajas, nos disponíamos a ascender para que pudiera observar a las de montaña. A media tarde, cuando alcanzamos una altitud mayor, me tocó elegir el lugar de acampada, donde pasaríamos una semana.

Elegí un sitio que me pareció magnífico, al pie de un hermoso árbol alto, grande y recto situado en una zona despejada de la cresta de la montaña, donde dispondría de mucho espacio para caminar y observar a las aves. A un lado, la cresta caía abruptamente, lo que me permitiría contemplar el valle abierto y avistar los halcones, vencejos y papagayos que lo cruzaran. Así pues, pedí a mis amigos neoguineanos que montaran las tiendas debajo de ese gran árbol.

Para mi gran sorpresa, se pusieron nerviosos. Decían que les daba miedo acampar al pie de ese árbol, que era peligroso y que preferían dormir a cien metros, a cielo abierto, a quedarse en una tienda colocada debajo del árbol. A mí me parecía que no había ningún peligro. Cuando les pregunté por qué no querían dormir debajo del árbol, me contestaron: «¡Fíjate! ¡El árbol está muerto! ¡Se nos podría caer encima y matarnos!».

Miré el árbol. Tuve que reconocer que, en efecto, estaba muerto, pero les dije a mis amigos neoguineanos: «¡Fijaos, es un árbol enorme. Lleva muerto muchos años. Y seguirá en pie muchos más. Seguro que no se caerá esta semana, cuando nosotros estemos debajo. No corremos ningún peligro durmiendo aquí».

Aun así, mis amigos insistieron en que no era seguro dormir debajo del árbol y se negaron a quedarse allí. En aquella época sus miedos me parecieron exagerados, rayanos en lo que nosotros llamamos paranoia, un término psicológico que alude precisamente a esos miedos. Cuando alguien sufre paranoia no hay que felicitarle por mostrar la debida cautela, sino que esa persona debe acudir a un psicólogo o psiquiatra que le ayude a superar sus miedos exagerados. Sin embargo, nada de lo que dije convenció a mis amigos neoguineanos. Ante mi insistencia, me montaron una tienda debajo del árbol, pero se fueron a dormir a cien metros. Después de una semana durmiendo al pie del árbol, seguía vivo, no se me había caído encima. Eso me reafirmó en la idea de que mis amigos sufrían paranoia.

No obstante, con el paso de los meses y los años conocí mejor Nueva Guinea. Todas las noches que dormía al raso en la selva oía el ruido de algún árbol muerto que se estrellaba contra el suelo. Mientras caminaba por el día observando a las aves, siempre oía el estrépito de un árbol muerto al caer. Comencé a pensar en el ruido de los árboles al desplomarse. Al final hice un cálculo. Supongamos que adquirimos la mala costumbre de dormir al pie de un árbol muerto. Supongamos que el riesgo de que el árbol muerto se caiga una noche en que estamos durmiendo debajo es solo de uno entre mil. Supongamos que tenemos la mala costumbre de dormir todas las noches al pie de un árbol muerto. Al cabo de tres años, es decir, después de tres veces 365 noches, o 1.065 noches, en las que hemos corrido un riesgo de uno entre mil de que el árbol se nos caiga encima y nos mate… al cabo de de tres años es probable que estemos muertos. Los neoguineanos que por su forma de vida duermen en la selva han aprendido a no dormir al pie de árboles muertos. Lo aprenden de la suerte que corrieron los imprudentes que cometieron el error de hacerlo.

Lo que al principio había considerado una paranoia de mis amigos neoguineanos me parecía ahora de lo más sensato. Ya no creo que esa actitud sea paranoica, sino algo que yo llamo «paranoia constructiva». Por esta expresión entiendo una actitud precavida que no es exagerada, sino pertinente. La paranoia constructiva es la lección más importante que aprendí trabajando en Nueva Guinea. Y tiene que ver con cómo afrontar cierto tipo de peligro: es decir, el riesgo acumulado de hacer repetidamente algo que comporta solo un riesgo pequeño cada vez que lo hacemos, pero que con el tiempo nos mata si lo hacemos con la frecuencia suficiente.

Mi actitud precavida frente al peligro saca de sus casillas a muchos de mis amigos estadounidenses y europeos. Los que mejor entienden mi actitud de paranoia constructiva son los que llevan una forma de vida que los pone constantemente en peligro, por lo que, igual que yo, han aprendido de la muerte de amigos imprudentes. Un amigo inglés que comparte mi actitud de paranoia constructiva era policía de los que no van armados (un *bobby*) en las calles de Londres, donde sí hay criminales armados. Mi inerme amigo policía tuvo que aprender con gran rapidez a reconocer a los individuos potencialmente peligrosos. Otro amigo que comparte mi actitud de paranoia constructiva es guía de pesca, organiza expediciones en balsa por aguas rápidas, y ver morir a guías imprudentes le ha servido de aprendizaje. Un tercer amigo que comparte esa actitud es piloto de avionetas. Unos cuantos amigos nuestros que eran pilotos imprudentes acabaron muertos. Al igual que mis amigos de Nueva Guinea, todos nosotros hemos aprendido la actitud de la paranoia constructiva.

Con todo, debe de haber grandes diferencias entre la idea que se tiene de los peligros en Nueva Guinea y otras sociedades tradicionales, y cómo se ven en Estados Unidos.

Por ejemplo, los peligros que existen en Estados Unidos y Nueva Guinea son diferentes. En este país y en otras sociedades tradicionales, entre los peligros principales figuran elementos del entorno natural como leones, insectos peligrosos, árboles que caen o inclemencias como el frío y la lluvia. Estos peligros medioambientales son mucho menos importantes en Occidente, donde hemos domado y modificado el entorno natural. No obstante, el año pasado mi esposa y yo estuvimos a punto de morir aplastados por un árbol cuando estábamos de vacaciones en Montana. Otros peligros de la vida tradicional son la violencia, las enfermedades infecciosas y el hambre. Todos ellos son mucho menos relevantes en Occidente, donde nos enfrentamos a un nuevo conjunto de peligros, como los coches, las escaleras de mano, los ataques cardíacos, el cáncer y otras enfermedades no transmisibles. En consecuencia, en parte hemos cambiado una serie de peligros tradicionales por otra de peligros modernos.

Sin embargo, no se trata solo de que los tipos de peligro en Estados Unidos sean distintos a los de Nueva Guinea. En términos generales, el nivel de peligro —es decir, el riesgo anual de muerte— es menor en Estados Unidos que en Nueva Guinea, y así lo indica nuestra esperanza de vida media, que es de casi ochenta años, frente a los cincuenta o menos de las sociedades tradicionales.

Una tercera diferencia radica en que las consecuencias de los accidentes pueden remediarse mucho más fácilmente en Europa y Estados Unidos que en Nueva Guinea. Por ejemplo, la única vez que me he roto una pierna fue al escurrirme en el hielo junto a la Universidad de Harvard, en plena ciudad de Boston. Cuando me caí y me fracturé el hueso, llegué como pude a una cabina telefónica que estaba a diez metros y llamé a mi padre, que es médico. Acudió a recogerme en su coche para llevarme al hospital, donde un cirujano me arregló el hueso roto y me escayoló. La pierna se recuperó y no tardé en volver a caminar con normalidad. En cambio, quien se rompa una pierna en Nueva Guinea, estando a tres días de camino a pie de la pista de aterrizaje más cercana, lo más probable es que ni siquiera llegue a la pista. Y, si llega, quizá no haya ni avión ni médico. Además, en las sociedades tradicionales tampoco hay cirujanos para arreglar huesos rotos, así que, aun en el caso de que la persona sobreviva al accidente, es posible que acabe coja de por vida. En consecuencia, en Occidente no estamos ni por asomo tan preocupados por los peligros como en Nueva Guinea. Esto se debe a que, si tenemos un accidente, es mucho más probable que salgamos con bien de él que si hubiera ocurrido en Nueva Guinea.

Ese menor nivel de peligro del mundo moderno, unido a la expectativa de que el daño ocasionado puede remediarse, tiene repercusiones en la forma en que vemos el peligro en el mundo desarrollado. Se trata de una visión enmarañada y confusa. Nos obsesionan riesgos que no lo son. Nos preocupamos demasiado por peligros que en realidad es muy improbable que nos afecten y que acaban con la vida de un número ínfimo de estadounidenses. Por el contrario, no prestamos atención suficiente a los que realmente podrían materializarse. Nos obsesionamos con ataques terroristas y accidentes aéreos, que en realidad son la causa de muerte de poquísimos compatriotas, en tanto que pasamos por alto el peligro de caernos de una escalera de mano, un accidente que sí provoca el fallecimiento de muchos estadounidenses. Nuestra confusa forma de ver los peligros se manifiesta cuando los clasificamos por orden de importancia y comparamos el puesto que ocupan en la lista con el número de muertes, reales o potenciales, que causan.

Hay que tener cuidado al llevar a cabo estas comparaciones. El número real de muertes ocasionadas por un determinado tipo de peligro quizá no sirva para calibrar bien su gravedad. Quizá el número de muertes provocadas por un determinado peligro sea escaso precisamente porque, al ser este frecuente y a menudo fatal, lo reconocemos como tal y tomamos las medidas oportunas. En ese caso, el peligro tiene una gran influencia en nuestro comportamiento. Nos obliga a mostrarnos cautelosos, cambia nuestra forma de vida y, en consecuencia, ocasiona pocas muertes.

En las sociedades tradicionales encontramos un ejemplo de esto que tiene que ver con los bosquimanos del África meridional y los leones. Los bosquimanos viven en zonas desérticas donde abundan los leones. Sin embargo, este animal causa muy pocas muertes entre ellos: solo alrededor de cinco de cada mil mueren por el ataque de un león. ¿Significa esto que los leones no son peligrosos?

Por supuesto que no. Causan pocas muertes precisamente porque, como son peligrosos y resulta fácil toparse con ellos, los bosquimanos han aprendido a mostrar una extrema cautela. Han introducido grandes cambios en su comportamiento a fin de reducir el peligro que representan. Para evitarlos, no salen de noche. Durante el día caminan en grupo, nunca solos, y no paran de hablar para que su voz alerte a los leones. En todo momento están pendientes de si hay indicios de la presencia de leones u otros animales.

Para los estadounidenses, un ejemplo de peligro verdadero y reconocido que causa pocas muertes, precisamente porque algunos lo reconocemos y adoptamos medidas para combatirlo, es al que están expuestos los pilotos de avión experimentados que vuelan con mucha frecuencia. Conocen muy bien la probabilidad de que sus errores sean fatales. Así pues, cada vez que se ponen a los mandos de un avión, le echan un buen vistazo y lo revisan con cuidado. Por el contrario, la mayoría de nosotros, al llegar a un aeropuerto y alquilar un coche, o incluso cuando conducimos el nuestro, no le echamos un buen vistazo ni lo revisamos con cuidado. Esto se debe a que es mucho menos probable perder la vida por los errores o problemas estructurales que se dan al conducir un coche que al pilotar un avión.

En consecuencia, para determinar la gravedad y la frecuencia de un peligro no basta con tener en cuenta el número de muertes que causa. Es preciso calcular cuántas ocasionaría si no fuéramos precavidos. Pero incluso cuando se toma esto en consideración hay un desajuste entre nuestra clasificación subjetiva de los riesgos y su verdadera gravedad.

Los peligros que los estadounidenses consideran más importantes son el terrorismo, los accidentes de aviones de pasajeros, los nucleares, la manipulación genética, incluidos los cultivos modificados genéticamente, y los aerosoles, a pesar de que ninguno de ellos causa un gran número de muertes. Por el contrario, subestimamos los peligros del alcohol, los automóviles, el tabaco, los resbalones y caídas y los electrodomésticos, que sí matan a mucha gente.

¿Qué rasgos comparten los peligros que exageramos y cuáles comparten los que subestimamos? Resulta que exageramos los que escapan a nuestro control. Aquellos sobre los que no podemos decidir. Exageramos el peligro de los sucesos en que muere mucha gente a la vez, en que mueren de una forma visible y espectacular que se convierte en titular de prensa. Exageramos los peligros nuevos, con los que no estamos familiarizados, como el de la manipulación genética. Por eso sobredimensionamos el del terrorismo, el de los accidentes nucleares, el de un accidente de avión de pasajeros y el de las tecnologías que manipulan el ADN. Son peligros que nos afectan y que no podemos controlar.

Por el contrario, subestimamos el peligro de hechos que sí podemos controlar y que elegimos o aceptamos voluntariamente. Subestimamos el peligro de cosas que solo matan a una persona cada vez, por lo que no llegan a los titulares de prensa. Subestimamos los peligros conocidos. Por eso restamos importancia a los que entrañan el consumo de alcohol, los coches, el tabaco, resbalar y caer, y los electrodomésticos. Decidimos exponernos a ellos pensando que si tenemos cuidado limitaremos los riesgos. Los subestimamos porque el ser humano corriente piensa: «Sé que todo eso puede ser mortal. Pero yo tengo cuidado. Para mí el riesgo es menor que para el ser humano corriente». Pero resulta evidente que ese razonamiento es absurdo, porque, por definición, ¡el ser humano corriente se enfrenta a riesgos también corrientes! Solemos pensar: «Yo soy prudente y fuerte, de modo que puede que esas cosas maten a personas imprudentes y débiles, pero es improbable que maten a alguien prudente y fuerte como yo». Esta actitud se resume en la siguiente ocurrencia: «Somos reacios a que los demás nos hagan lo que encantados nos hacemos solos».

Entre los peligros verdaderamente importantes de la vida cotidiana, los que deberían obsesionarnos mucho más que el terrorismo o los cultivos modificados genéticamente, figura el de resbalar y caer en la ducha, en una acera mojada, en una escalera de mano o al bajar por una escalera. Basta con leer los obituarios (necrologías) de cualquier periódico para ver que, en el caso de las personas mayores, las caídas constituyen una de las causas más habituales de invalidez, de pérdida de calidad de vida y de muerte.

Hoy ya he corrido el mayor peligro a que me expondré en todo el día. Ese acto peligrosísimo es

¡ducharse! Tal vez ustedes digan: «¿De verdad? Jared Diamond, ¡está paranoico! El riesgo de caerse en la ducha es solo de uno entre mil». A lo cual yo respondo: ese riesgo no es en absoluto lo bastante bajo. Ya tengo setenta y siete años. A un hombre estadounidense que haya llegado a esa edad le queda una esperanza de vida media de quince años. Eso significa que, si me ducho a diario durante el resto de mi vida, lo haré 15 × 365, es decir, 5.475 veces. Si soy tan imprudente que el riesgo de que me caiga en la ducha es de uno entre mil cada vez que la utilizo, eso significa que, antes de superar mi esperanza de vida, me habré matado cinco veces.

Por eso he aprendido a poner en práctica la paranoia constructiva. Por eso he aprendido a prestar atención al peligro de actos que entrañan un bajo riesgo cada vez que los realizo, pero que haré muchas veces durante el resto de mi vida, como en el caso de los neoguineanos es dormir al pie de árboles muertos en la selva. Para mí, en Estados Unidos, el equivalente de dormir al pie de árboles muertos es ducharse y conducir.

Algunos de mis amigos objetan que la actitud de paranoia constructiva que aprendí de los neoguineanos debe de paralizarme. Dicen: Jared, como siempre estás pensando en lo que puede salir mal, quizá acabes por no hacer nada. Se equivocan: al igual que los neoguineanos, actúo con paranoia constructiva. A pesar del peligro de que les caiga encima un árbol, ellos siguen acampando en la selva. Pero siempre tienen cuidado de no hacerlo al pie de un árbol muerto. Del mismo modo, yo no dejo de ducharme. Me ducho todos los días. Pero presto atención y tengo cuidado. Me preocupan las duchas, las escaleras de mano y los coches, no el terrorismo, los accidentes nucleares ni los cultivos modificados genéticamente.

Esa es la principal lección para la vida cotidiana que saqué de mi trabajo en Nueva Guinea. Creo que también les será útil a ustedes, los lectores de este libro.

6

Dieta, estilo de vida y salud

¿Cuáles son las principales causas de muerte entre los estadounidenses?

¿En qué se diferencian de las de los pueblos con una forma de vida tradicional o de las de los estadounidenses de hace doscientos años?

¿Qué podemos aprender de esas diferencias que nos ayude a ser más longevos y llevar una vida más saludable?

La mayoría de los lectores de este libro morirá de las llamadas enfermedades no transmisibles; es decir, las no causadas por agentes infecciosos como los virus o las bacterias, las que no se transmiten de una persona a otra. Entre ellas figuran la diabetes, la hipertensión (presión arterial elevada), que produce accidentes cerebrovasculares; los ataques cardíacos, la aterosclerosis, el cáncer, las enfermedades renales y la gota. Al contrario que la gripe o el sarampión, nadie puede contagiárnoslas. Solo nosotros, nuestros genes y nuestra forma de vida pueden conducirnos a ellas. Si bien en la actualidad constituyen las principales causas de muerte, no siempre ha sido así. Hace doscientos años las principales enfermedades mortales entre los estadounidenses eran las contagiosas, como la viruela, el sarampión, la tuberculosis, la malaria y el cólera, que hoy apenas causan muertes en Estados Unidos.

Sin embargo, en otras partes del mundo, los miembros de pueblos tribales no fallecen de las enfermedades no transmisibles que matan a los estadounidenses. Así lo demuestra un estudio realizado en Nueva Guinea hace cincuenta años, poco antes de mi primer viaje de investigación a ese país. Nueva Guinea es la gran isla tropical situada al norte de Australia, cerca del ecuador, donde desde 1964 he llevado a cabo estudios ornitológicos. La primera vez que fui, la mitad oriental seguía siendo una colonia europea administrada por Australia. En gran medida, los neoguineanos llevaban una forma de vida tradicional, habitaban en aldeas construidas por ellos y cultivaban sus propios alimentos. Todavía había muchos indígenas que no habían entrado en contacto con la civilización europea. No tenían ropa, escritura, herramientas metálicas ni médicos. Es decir, su forma de vida continuaba siendo tradicional. En las carreteras de Papúa-Nueva Guinea no había ni un semáforo, ni siquiera en la capital, llamada Port Moresby.

Sin embargo, Port Moresby sí tenía un hospital general, atendido por médicos australianos. En 1961, poco antes de mi llegada a Nueva Guinea, los facultativos del hospital general de Port Moresby publicaron un estudio en el que enumeraban las causas de los dos mil últimos ingresos en el centro. Si hoy en día se publicara un estudio similar sobre las causas de los últimos dos mil ingresos en un hospital general de Los Ángeles, la ciudad donde vivo, la mayoría se debería a enfermedades no transmisibles. En cambio, en el estudio realizado en Nueva Guinea en 1961 casi ninguno tenía que ver con enfermedades de ese tipo. Casi nadie tenía afecciones cardíacas, cáncer, diabetes ni ninguna de las otras enfermedades no transmisibles. La única excepción eran cuatro personas que ingresaron por hipertensión arterial. Pero esos cuatro casos eran la excepción que confirmaba la regla, ya que los pacientes no eran neoguineanos, sino extranjeros residentes en Port Moresby.

En la época del estudio, cuando me disponía a comenzar mi trabajo en Nueva Guinea, me impresionó la excelente forma física de sus habitantes. Nunca vi a nadie con sobrepeso. Hombres y mujeres parecían culturistas delgados pero musculosos. Llevaban una dieta espartana, compuesta en su mayor parte por productos que ellos mismos cultivaban. En el caso de los neoguineanos que vivían en las tierras altas, el 90 por ciento de las calorías procedía de un único producto: la batata. No sufrían diabetes ni enfermedades cardíacas. Pero eso no quiere decir que estuvieran del todo sanos. La mayoría moría a una edad mucho más temprana que los estadounidenses de hoy día: con cincuenta y tantos, o incluso con cuarenta y tantos, no cumplidos los setenta, los ochenta o los noventa. En lugar de fallecer por enfermedades no transmisibles como las cardíacas o la diabetes, en 1961 los neoguineanos morían por las mismas causas que la mayoría de los estadounidenses hace doscientos años: enfermedades infecciosas como la malaria o la disentería, accidentes, desnutrición y hambre, y enfermedades óseas o musculares relacionadas con una forma de vida físicamente muy dura.

Trasladémonos ahora a la Papúa-Nueva Guinea actual. El país es independiente desde hace treinta años. Tiene semáforos, aviones, autopistas, supermercados, televisión y las demás ventajas de la modernidad. Un buen número de neoguineanos no cultivan sus propios alimentos, sino que comen lo que compran en los supermercados. Hoy en día veo a muchos con sobrepeso u obesos. Uno de los índices de diabetes más elevados del mundo se da en una tribu que vive en torno a la capital, Port Moresby. Se trata de la tribu wanigela. Hace cincuenta años ninguno de sus miembros tenía diabetes; en la actualidad la sufre el 37 por ciento. Es una tasa siete veces mayor que la italiana.

Les contaré otra historia de mi experiencia personal para ilustrar los cambios de forma de vida y sanitarios que han tenido lugar entre los neoguineanos en las últimas cinco décadas. Durante los últimos quince años he estudiado las aves del único yacimiento petrolífero de Papúa-Nueva Guinea, explotado en el pasado por la multinacional Chevron y en la actualidad por una empresa radicada en el propio país, llamada Oil Search. Gran parte de los empleados son neoguineanos. Toman las tres comidas diarias en un comedor de empresa similar a los de Europa o a sus cantinas universitarias. La gente coge una bandeja, pasa por delante de una hilera de platos, se sirve del que le apetece, en la cantidad que quiere, se sienta a una mesa donde hay un salero y un azucarero y se pone la sal y el azúcar que desea. La mayoría de los empleados de la compañía petrolera de Nueva Guinea se crió en aldeas, donde la variedad de alimentos era muy escasa —con frecuencia, solo batata— y la cantidad de comida disponible, reducida. Al entrar en el comedor de la empresa se sienten como si estuvieran en el paraíso. Se llenan el plato hasta formar una semiesfera de comida, se la terminan y vuelven a servirse más. En la mesa se echan cucharadas de azúcar sobre los filetes de ternera y grandes cantidades de sal en las ensaladas.

Por eso en la actualidad muchos empleados neoguineanos de explotaciones petroleras tienen sobrepeso, un problema que no existía en el país hace cincuenta años. Esos trabajadores empiezan a sufrir enfermedades no transmisibles propias de Occidente, como las cardíacas y los accidentes cerebrovasculares. Todas las explotaciones petroleras disponen de un consultorio con médicos y enfermeras. En el personal de esos consultorios la petrolera incluye a trabajadores sanitarios neoguineanos, para que aconsejen a los empleados sobre cómo adquirir hábitos dietéticos y una forma de vida saludables. En mi última visita al yacimiento petrolífero, el médico y la enfermera me contaron que, una vez que los trabajadores sanitarios neoguineanos acuden a asesorar a sus compatriotas sobre cómo llevar una forma de vida saludable y empiezan a comer en el comedor de la empresa, en menos de un año ellos mismos presentan síntomas de enfermedades cardíacas y de diabetes.

Así pues, hace cincuenta años los neoguineanos tenían formas de vida tradicionales y enfermedades contagiosas. Hoy en día, cuando muchos han adoptado la forma de vida occidental, sufren epidemias de enfermedades no transmisibles. Sin embargo, no han experimentado muchos cambios genéticos durante los últimos cincuenta años.

Esta historia pone de relieve que la adopción de la forma de vida occidental ha ocasionado la aparición de enfermedades no transmisibles en Nueva Guinea.

Ejemplos similares de otras partes del mundo ponen asimismo de manifiesto la relación entre la forma de vida occidental y las enfermedades no transmisibles. Algunos de ellos se refieren a países que, como Papúa-Nueva Guinea, en los últimos tiempos han adoptado cada vez más la forma de vida occidental. Por ejemplo, hace unas pocas generaciones los países árabes productores de petróleo de Oriente Próximo eran pobres, sus habitantes llevaban una vida espartana y casi no sufrían diabetes. Hoy en día, entre el 15 y el 25 por ciento de la población de los productores de petróleo más ricos de Oriente Próximo tiene diabetes.

Otro conjunto de ejemplos que ponen de relieve la relación entre la forma de vida occidental y las enfermedades no transmisibles nace de la experiencia de los inmigrantes de sociedades tradicionales que llegan al mundo occidental. Cuando los chinos, los indios, los japoneses o los africanos emigran a Estados Unidos, Europa u otros países de cultura occidental, en el plazo de una generación comienzan a sufrir diabetes u otras enfermedades no transmisibles.

Otro ejemplo es el que proporcionan las epidemias urbanas de las grandes ciudades del mundo en desarrollo. Cuando los africanos o asiáticos del medio rural se trasladan a urbes como Lagos, en Nigeria, y adoptan una forma de vida occidental, acaban sufriendo enfermedades no transmisibles.

También podemos mencionar el caso de los pueblos indígenas en países occidentalizados. Al abandonar su forma de vida tradicional y adoptar las costumbres occidentales que se han extendido en su país, presentan índices de enfermedades no transmisibles que figuran entre los más elevados del mundo. Un ejemplo ya citado es la tasa del 37 por ciento de diabetes en la tribu de wanigela, que vive en torno a la capital de Papúa-Nueva Guinea. En la bibliografía sanitaria también son bien conocidos los casos de los indios pima de Estados Unidos y de los aborígenes australianos, cuyos índices de diabetes se cuentan entre los más altos del mundo.

Todos estos experimentos naturales ponen de relieve que, de alguna manera, la adopción de la forma de vida occidental conduce a epidemias de enfermedades no transmisibles. Pero esa forma de vida comporta muchos factores relacionados, de manera que, por sí solos, esos estudios no precisan qué rasgos concretos de la forma de vida occidental son responsables de cada enfermedad no transmisible. Cuando pensamos en la forma de vida occidental, la asociamos a una existencia mayormente sedentaria, sin mucho ejercicio, a una elevada ingesta de calorías al día, a sobrepeso, al consumo de grandes cantidades de sal, azúcar y alcohol, a una dieta que, en otros aspectos, no es tradicional, por ejemplo, por ser baja en fibra, y al tabaco. ¿Qué factores de riesgo son responsables de cada enfermedad?

Hablemos ahora de dos relaciones entre factores de riesgo y enfermedades: la que existe entre la ingesta de sal y la hipertensión, y la que se da entre obesidad y diabetes.

Empecemos por la sal. Para los estadounidenses la sal es algo que sale de los saleros, que se obtiene sin esfuerzo y con poco dinero y que está disponible prácticamente de forma ilimitada. Esto contrasta con lo difícil que era obtenerla durante la mayor parte de la historia. Salvo en las costas, en la mayoría de los sitios el entorno natural apenas ofrece sal. Por ejemplo, mis amigos de Nueva Guinea me han contado cómo se conseguía la sal antiguamente, antes de la llegada de los colonos europeos. Los neoguineanos recogían las hojas de una planta de la selva que, según habían descubierto, contenía más sal que otras. Encendían un fuego para quemarlas y reducirlas a cenizas, que a continuación recogían. Eran cenizas saladas, pero también contenían sustancias amargas y sabían fatal. Por eso los neoguineanos las disolvían en agua y las hervían a fin de que la sal se concentrara y el agua se evaporara. Repetían un par de veces este proceso de concentración y evaporación. Al final, tras mucho esfuerzo, tenían un montoncito de cenizas saladas y todavía un tanto amargas.

Por tanto, los neoguineanos tradicionales deseaban la sal pero no tenían mucha que comer. La ingesta diaria media de sal entre los neoguineanos de las tierras altas con una forma de vida tradicional es de 50 miligramos. Entre los pueblos tradicionales de todo el mundo, se sitúa entre los 50 miligramos y los 2 gramos diarios. En cambio, el consumo de sal del estadounidense medio es de unos 10 gramos al día. Resulta impresionante comparar la sal que contiene un solo plato estadounidense con la ingesta mensual o anual de un neoguineano tradicional. Por ejemplo, una hamburguesa Big Mac contiene 1,5 gramos de sal; es decir, la cantidad que un neoguineano tradicional toma al mes. Una lata de sopa de pollo con fideos contiene 2,8 gramos; es decir, lo que un neoguineano tradicional ingiere en dos meses. El plato con mayor contenido de sal de que tengo noticia es el de fideos picantes que se sirve en un restaurante asiático de Los Ángeles: contenía 17 gramos de sal. Ese único plato de pasta tiene una cantidad de sal igual a la que un neoguineano tradicional ingiere durante un año.

Muchos datos demuestran que el consumo de sal es el principal factor de riesgo en muchos casos de presión arterial elevada, también conocida como hipertensión, que puede conducir a un accidente cerebrovascular mortal. Por ejemplo, la ingesta de sal más elevada que conozco en el mundo es la de la prefectura de Akita, en el norte de Japón: el habitante medio consume 27 gramos diarios, una cantidad que triplica la ingesta media de europeos y estadounidenses. Hay constancia de que un hombre de esa prefectura tomaba un promedio de 61 gramos de sal diarios. Eso significa que al cabo de doce días se habría acabado un paquete de sal de 700 gramos. Esta elevada ingesta de sal se correlaciona con el hecho de que los habitantes de la prefectura de Akita presentan el índice más elevado de hipertensión y accidente cerebrovascular mortal de todas las poblaciones del mundo que se conocen. En Akita, la causa principal de muerte es el accidente cerebrovascular, que en otras sociedades occidentalizadas se sitúa detrás de la diabetes, las enfermedades cardíacas y el cáncer.

No todas las hipertensiones están relacionadas con la sal. Algunas personas la sufren por razones ajenas a su consumo. Así pues, los médicos hablan de hipertensión sensible a la sal y de hipertensión no sensible a la sal. Por otra parte, ni siquiera la primera se debe por completo a la ingesta de sal, sino que en ella también inciden factores genéticos: con el mismo consumo de sal, unas personas son más propensas que otras a presentar hipertensión. En estudios realizados por genetistas se han identificado muchos de los factores genéticos por los que ciertas personas son más propensas a padecer una hipertensión relacionada con el consumo de sal. Resulta que un buen número de esos factores genéticos son los responsables de la reabsorción de sal por parte de los riñones.

¿Por qué iban nuestros genes a programarnos para que los riñones reabsorban la sal, si la acumulación de esta sustancia nos predispone a morir de hipertensión o accidente cerebrovascular? Puesto que la evolución por selección natural tiende a eliminar los genes nocivos, cabría esperar que los que propician una acusada absorción de sal por parte de los riñones hubieran desaparecido.

La explicación es que, aunque la absorción de sal por parte de los riñones es perjudicial hoy en día, con una forma de vida occidental, habría sido ventajosa en el pasado, cuando la gente vivía de modo tradicional. En la actualidad, con un acceso prácticamente ilimitado a los saleros, el principal problema que plantea la sal no es obtenerla, sino librarse de ella. Pero para los pueblos tradicionales del pasado, y para los que hoy en día continúan llevando formas de vida tradicionales, el problema no es librarse de ella, sino conseguirla en cantidad suficiente, como hemos visto en el ejemplo de los grandes esfuerzos que en el pasado realizaban los neoguineanos de las tierras altas para obtenerla de las hojas de una planta. Cuando el cuerpo no puede conseguir o retener suficiente sal, suele sufrir espasmos debidos a la pérdida de sal con el sudor o en trastornos como la diarrea y la disentería. De ahí que para los pueblos con formas de vida tradicionales fuera una ventaja, no un inconveniente, que los riñones conservaran la sal. La selección natural favoreció los genes de la retención renal de sal. Solo en la época contemporánea, con la disponibilidad generalizada de los saleros, esos riñones que conservan la sal han dejado de ser una ventaja para convertirse en un inconveniente.

Nos encontramos, por tanto, ante una paradoja. En el pasado los riñones que retienen la sal nos ayudaban a sobrevivir; ahora contribuyen a matarnos porque ha cambiado nuestra forma de vida, sobre todo la ingesta de sal. Un ejemplo de esta paradoja es la población afroamericana de Estados Unidos. Es la más propensa del país a padecer hipertensión relacionada con la sensibilidad a la sal. Si comparamos grupos de estadounidenses emparejados por consumo de sal, veremos que el que presenta un índice mayor de hipertensión relacionada con la sal es el de los afroamericanos. ¿Acaso hay algo en su historia evolutiva que explique esa tendencia a la hipertensión sensible a la sal?

No estamos seguros de cuál es la explicación, pero a continuación indicamos la conjetura que se ha planteado. Pensemos en la historia de la población afroamericana. Proviene de África, principalmente del interior del continente, de zonas alejadas de la costa, donde, para empezar, al igual que en las tierras altas de Nueva Guinea, no había mucha sal. Los esclavos eran capturados por cazadores locales, conducidos a pie hasta la costa en condiciones climáticas tórridas y encerrados en barracones del litoral, donde sufrían todavía más calor, a la espera de que llegaran los barcos negreros. Durante todo ese tiempo no dejaban de sudar y perder sal, y seguramente algunos morían por los espasmos producidos por la carencia de esa sustancia. A continuación se les llevaba a la bodega del barco, con un calor igualmente sofocante, de modo que sudaban a lo largo de toda la travesía hasta el Nuevo Mundo, que duraba varias semanas. Las condiciones higiénicas de los buques eran espantosas. Las causas de muerte más habituales en las travesías de los esclavos eran la disentería y las enfermedades infecciosas asociadas a la falta de higiene. La disentería implicaba una pérdida de sal aún mayor debida a la diarrea, a lo cual habría que añadir la pérdida de sal a través del sudor generado por el calor. Cuando los esclavos llegaban al Nuevo Mundo, se les volvía a encerrar en barracones antes de conducirlos a pie a las plantaciones, donde debían trabajar bajo el calor y en condiciones insalubres.

Todo esto significa que una de las principales causas de muerte entre los esclavos era la pérdida de sal debida a la sudoración o la diarrea. Aquellos cuyos riñones no eran especialmente eficientes en la retención de sal solían fallecer por la pérdida de esa sustancia.

Solo tenían posibilidades de sobrevivir aquellos con riñones que retuvieran mejor la sal. De ahí que con toda probabilidad la historia de la trata de esclavos seleccionara a personas cuyos riñones tuvieran una capacidad enormemente elevada de retener sal, mucho mayor que la de otras poblaciones humanas. Los riñones con esa capacidad eran esenciales para sobrevivir en condiciones de esclavitud. Sin embargo, hoy en día, cuando los descendientes de esos esclavos tienen un acceso ilimitado a la sal, sus riñones, antes beneficiosos, conducen a tasas mayores de hipertensión arterial relacionada con la sal y de accidente cerebrovascular.

Desde el punto de vista individual, ¿qué podemos hacer para protegernos del riesgo de hipertensión arterial? Una respuesta aparentemente sencilla sería: ¡no echar sal en la comida! Pero eso no basta. Yo antes me sentía orgulloso porque mi esposa y yo ni siquiera tenemos salero en la mesa de la cocina, y nunca sazono la comida con sal.

Por desgracia, eso no basta. Resulta que en Europa y Estados Unidos gran parte de la sal que consumimos es sal «oculta», es decir, no la echamos nosotros y ni siquiera vemos cómo se añade. La mayor parte de la que ingerimos se incorpora a los alimentos sin que lo veamos; la ponen el cocinero del restaurante, o el fabricante o empaquetador de la comida que adquirimos en el supermercado. Es evidente que un buen número de los alimentos procesados que compramos en el mercado tienen mucha más sal que los naturales: por ejemplo, el salmón ahumado tiene doce veces más sal por 500 gramos que el fresco. Curiosamente, la principal fuente de sal de los estadounidenses son los productos fabricados con cereales como el pan, la bollería y los propios cereales para el desayuno, que creemos que no llevan sal pero a los que se les añade durante su elaboración. Con frecuencia a la carne que compramos en el mercado le han inyectado una cantidad de agua ligeramente salada que puede llegar a representar el 20 por ciento de su peso. Los envasadores pretenden darle mejor sabor (¡la sal sabe estupendamente!) y ahorrar dinero (al supermercado le cuesta mucho menos comprar 5 kilos de carne más uno de agua salada que 6 de carne, pero la carne inyectada se vende al peso, no por la carne que en realidad contiene). Otra razón por la que a los fabricantes de alimentos les gusta añadir sal a la comida procesada es que las empresas que nos la venden suelen ser las mismas que nos venden bebidas embotelladas: los alimentos salados dan sed e inducen a comprar más bebidas embotelladas.

Estos lamentables datos significan que, si se quiere reducir la ingesta de sal, no solo hay que retirar el salero de la mesa, sino también leer con atención las etiquetas en que se indica el contenido en sal de los alimentos comprados en el supermercado. A la larga, la solución radica en convencer a los fabricantes de alimentos de que reduzcan la cantidad de sal de sus productos. Pero no es algo que les entusiasme, ya que ganan más dinero añadiéndosela a la comida. Es alentador que algunos gobiernos, preocupados por el dinero que gastan en dispensar atención médica a las víctimas de accidentes cerebrovasculares y por las pérdidas que produce el acortamiento de la vida laboral de sus ciudadanos, estén presionando a la industria alimentaria para que disminuya paulatinamente la cantidad de sal de sus productos. De este modo, el gobierno finlandés redujo el índice de mortalidad nacional por accidente cerebrovascular en un 75 por ciento, lo cual ha incrementado en cinco años la esperanza de vida de su población.

La otra enfermedad relacionada con la forma de vida occidental de la que hablaré es la diabetes.

Me referiré en concreto a la más habitual, la llamada diabetes tipo 2, asociada a la forma de vida. La tipo 1, menos frecuente, guarda una relación mucho menor con la forma de vida. Mientras que la hipertensión arterial tiene que ver con el metabolismo de la sal, la diabetes está relacionada con el del azúcar, cuya concentración en sangre se eleva de forma anormal después de las comidas. Esas concentraciones altas dañan los nervios y vasos sanguíneos, y el exceso de azúcar pasa de la sangre a la orina. En la diabetes tipo 2, el principal factor de riesgo relacionado con la forma de vida es la obesidad, pero también influyen otros factores, como el consumo excesivo de azúcar y grasas, y la falta de ejercicio. En general, los diabéticos tipo 2 consiguen reducir los síntomas de la enfermedad modificando su forma de vida, sobre todo haciendo ejercicio, consumiendo menos calorías y perdiendo peso.

Varios «experimentos naturales» ponen de relieve la relación existente entre la forma de vida y los síntomas de la diabetes. Por ejemplo, unos científicos japoneses tuvieron la brillante idea de comparar, en un mismo gráfico, los altibajos del mercado de valores japonés (el índice Nikkei) con los de los síntomas de la diabetes que mencionaban los pacientes nipones. Aunque parezca increíble, resultó que las fluctuaciones del gráfico de síntomas de la diabetes reflejaban con asombrosa fidelidad las observadas en el gráfico bursátil, porque cuando el mercado de valores está en alza la gente se siente rica o realmente lo es, come más, engorda y la diabetes representa un peligro para ella. Otro experimento natural lo proporciona el sitio de París de 1870-1871, cuando los ejércitos alemanes rodearon la ciudad e impidieron el suministro de alimentos, por lo que los parisinos pasaron hambre. Los médicos franceses observaron que durante el asedio muchos diabéticos dejaron de sufrir síntomas de la enfermedad. Otro ejemplo son los judíos de Yemen, que después de dos mil años de vida espartana se zambulleron de golpe en las costumbres occidentales cuando entre 1949 y 1950 el Estado de Israel los trasladó en avión al país. A su llegada a Israel, prácticamente ninguno sufría diabetes, pero tras dos décadas en medio de la abundancia de alimentos de su nuevo país el 13 por ciento presentaba la enfermedad.

El último experimento natural que pone de relieve la relación entre la forma de vida occidental y la diabetes lo proporciona una remota isla del Pacífico llamada Nauru. Tradicionalmente los micronesios de Nauru trabajaban con ahínco para conseguir alimentos mediante la pesca y la agroganadería, y padecían frecuentes hambrunas ocasionadas por las sequías. Cuando Nauru fue colonizada por Alemania y después por Australia, se descubrió que su suelo descansa sobre un terreno rocoso que contiene la mayor concentración del mundo de fosfato, componente esencial para los fertilizantes. En 1922 la empresa minera dedicada a su extracción por fin comenzó a pagar derechos de explotación a los habitantes de la isla. El primer caso de diabetes se registró en 1925. Durante la Segunda Guerra Mundial, el ejército japonés ocupó Nauru, trasladó a sus habitantes a la isla de Truk y los obligó a trabajar en condiciones de inanición (la ración de comida se limitaba a 250 gramos diarios de calabaza). A consecuencia de esa situación la mitad murió de hambre.

Acabada la guerra, los nauruanos regresaron a su isla y volvieron a recibir derechos de explotación de la compañía minera, pero no retomaron las tareas agrícolas y ganaderas; comenzaron a comprar la comida en supermercados, se convirtieron en uno de los pueblos más ricos del mundo (el fosfato llegó a generar ingresos de veinte mil dólares por persona) y se compraron vehículos de motor para desplazarse por su diminuta isla (de unos dos kilómetros de radio) sin tener que caminar. Se convirtieron en el pueblo más obeso del océano Pacífico, el que tenía la tensión arterial media más elevada y la mayor prevalencia de diabetes, causa de muerte más habitual en la isla, aparte de los accidentes. Un tercio de los nauruanos mayores de veinte años y el 70 por ciento de los pocos que llegan a los setenta son diabéticos. En los últimos años la prevalencia de diabetes ha comenzado a reducirse en Nauru, aunque la vida sedentaria y la obesidad no han cambiado. Esto sugiere que los nauruanos genéticamente propensos a la diabetes tenían más riesgo de morir a causa de ella, de manera que en pocas décadas los genes que predisponen a su desarrollo han ido disminuyendo gracias a la selección natural. Si esta interpretación es correcta, la eliminación de los genes que predisponen a la diabetes entre los nauruanos, ocasionada por las muertes producidas por la enfermedad, representa el caso más rápido de selección natural en humanos del que tengo noticia.

En los últimos tiempos, el aumento de la prosperidad y, por tanto, del consumo de alimentos en China y la India ha dado lugar a que los índices de diabetes se disparen en ambos países, donde su incidencia era nimia hasta hace unas décadas. Hoy en día, China y la India compiten entre sí por el primer puesto entre los países con mayor número de diabéticos del mundo: más de cincuenta millones en cada uno. Pero la distribución social de la enfermedad en ambos es opuesta a la observada en Estados Unidos y Europa. Entre los estadounidenses y los europeos, la gente urbana más adinerada y preparada tiene menos diabetes que los pobres y menos formados, porque los europeos y estadounidenses ricos y preparados saben que no es sano comer en exceso, en tanto que los pobres siguen teniendo dinero suficiente para permitirse alimentos poco saludables que engordan y provocan sobrepeso, pero no han recibido información sobre los hábitos alimentarios sanos. Por el contrario, en la India y probablemente también en China los ricos que pueden permitirse comer mucho todavía ignoran las consecuencias que la sobrealimentación tiene para la salud, por lo que siguen comiendo mucho y acaban presentando diabetes. En cambio, los indios y probablemente los chinos pobres, sin formación y de zonas rurales todavía no disponen de información sobre los hábitos alimentarios saludables, pero tampoco tienen dinero suficiente para comer en exceso, de modo que entre ellos todavía no se ha disparado la diabetes.

La prevalencia de la diabetes en los países europeos ricos y en Estados Unidos es solo del 5 al 9 por ciento, y en Islandia se reduce al 2 por ciento. Antes los médicos pensaban que eso era lo normal entre los seres humanos de todo el mundo. Conocían casos de prevalencias elevadas en algunos pueblos no europeos, sobre todo entre los habitantes de Nauru, los indios pima de Norteamérica y la tribu de los wanigela de Papúa-Nueva Guinea. Pero se creía que esos pueblos no europeos con una elevada prevalencia de diabetes constituían excepciones que era preciso explicar, y que la norma eran los europeos, con prevalencias menores.

Ahora sabemos que las poblaciones europeas con prevalencias bajas son la excepción que hay que explicar, y que la norma en el mundo son las prevalencias elevadas siempre que la gente puede permitirse comer en exceso. Las principales poblaciones no europeas del mundo, siempre que pueden permitirse la sobrealimentación, presentan prevalencias de diabetes del 15 al 30 por ciento o mayores. Así es en el caso de los africanos, los indios americanos, los isleños del Pacífico, los neoguineanos, los aborígenes australianos, los habitantes del este y del sur de Asia, los árabes y otras poblaciones de Oriente Próximo. En consecuencia, la pregunta que hemos de responder no es qué tienen de extraordinario los nauruanos, los indios pima y la tribu wanigela, sino qué tienen de extraordinario los europeos.

Para responderla debemos comprender por qué la diabetes ha llegado a ser tan habitual. La tipo 2 tiene una base genética: las poblaciones con genes que predisponen a sufrirla presentan una prevalencia elevada de diabetes al adoptar la forma de vida occidental. Pero la evolución por selección natural suele eliminar los genes nocivos acabando selectivamente con los individuos que los portan, y no cabe duda de que la diabetes es nociva. ¿Por qué la selección natural no ha eliminado del patrimonio genético humano los genes que nos predisponen a padecerla?

Para comprender la respuesta a esta paradoja, recordemos la que se ha dado a una paradoja similar: la de la conservación y la hipertensión. En las formas de vida tradicional el problema de los seres humanos era conservar la sal, no eliminarla. En esas condiciones, quienes tenían genes que fomentaban la retención eficiente de sal sobrevivían mejor. Posteriormente, cuando la modernidad reportó una disponibilidad ilimitada de sal, la capacidad para retenerla dejó de ser una ventaja para convertirse en un inconveniente.

A mí me parece que la evolución de nuestros genes, que ahora nos predisponen a la diabetes, puede explicarse mediante consideraciones evolutivas similares. Esos genes nos programan para que liberemos con rapidez una hormona, la insulina, que nos permite almacenar en forma de grasa los excesos de calorías que consumamos en una gran comida. En las formas de vida tradicionales, los largos períodos de disponibilidad limitada de alimentos y de alguna que otra hambruna se alternan con otros, menos frecuentes, de gran abundancia de comida, por ejemplo, cuando los cazadores consiguen matar a un elefante o los ganaderos deciden sacrificar a sus cerdos y darse un gran festín. Los individuos con gran capacidad para almacenar en forma de grasa las calorías que ingieren en los infrecuentes momentos de abundancia serían los más capaces de sobrevivir a los posteriores períodos de escasez. La insulina es la hormona que nos permite almacenar en forma de grasa las calorías ingeridas. Es decir, la capacidad para convertir en grasa los alimentos ingeridos era tradicionalmente beneficiosa. Solo hoy en día, cuando el estilo de vida occidental pone constantemente a nuestra disposición comida en abundancia, como si la vida fuera un eterno festín, esa capacidad se ha convertido en algo perjudicial, pues nos lleva a acumular una grasa que nunca tenemos oportunidad de quemar. Avala esta interpretación el hecho de que la secreción de insulina tras una comida sea mayor en pueblos tradicionales ahora tristemente famosos por su mayor predisposición a la diabetes —como los nauruanos, los indios pima, los aborígenes australianos y los afroamericanos— que en los europeos.

Esta interpretación deja una pregunta sin responder: si todos los no europeos constituyen la norma, y los europeos la excepción, ¿por qué fueron estos los únicos que desarrollaron índices bajos de secreción de insulina, de modo que solo un número relativamente escaso de ellos presenta diabetes aunque vivan como si estuvieran siempre dándose un festín? Creo que la respuesta tiene que ver con la historia de la disponibilidad de alimentos en Europa. Hasta la Edad Media, los registros históricos dejan claro que los europeos sufrían hambrunas frecuentes, del mismo modo que pueblos de otros lugares del mundo las sufren en la actualidad. A partir de ese período, los primeros pueblos del mundo que escaparon al peligro de las hambrunas fueron europeos. Los registros históricos demuestran que las frecuentes hambrunas generalizadas y prolongadas que antes habían caracterizado a Europa y al resto del mundo comenzaron a desaparecer del Viejo Continente, primero en el Reino Unido y los Países Bajos, a finales del siglo XVII; esa tendencia fue extendiéndose hacia el sur, para llegar a Italia y el resto de la Europa mediterránea a finales del XIX. La desaparición del riesgo de hambrunas se debió al desarrollo de formas fiables de suministro de alimentos, pieza clave del estilo de vida occidental. Utilizamos la expresión «estilo de vida occidental» para aludir a la abundancia segura de alimentos precisamente porque fue en Occidente donde primero se observó. Varias razones explican por qué en la Europa de los últimos siglos se desarrolló una provisión fiable de alimentos: estados eficientes que distribuían el grano almacenado a las zonas afectadas por hambrunas; transporte marítimo y terrestre eficiente; ampliación de los productos agrícolas básicos gracias a cultivos procedentes del Nuevo Mundo (como el maíz, de origen mexicano, y los tomates ahora tan apreciados en Italia), y la fiabilidad de la agricultura de secano europea, en lugar de la dependencia de la agricultura de regadío como en gran parte del resto del mundo. A medida que se daba por sentada la provisión de alimentos, los europeos con genes que determinaban la secreción rápida de insulina ya no obtenían ningún beneficio de su capacidad para sobrevivir a la inanición, sino que sufrían el perjuicio de engordar y contraer diabetes. Mi hipótesis es que, en los últimos siglos, los europeos sufrieron una epidemia de diabetes más lenta y menos espectacular que la observada recientemente entre los nauruanos, pero que no por ello dejó de matar de manera selectiva a los más predispuestos a padecerla.

He hablado únicamente de las dos enfermedades no transmisibles que serán la causa de muerte de la mayoría de nosotros: la diabetes y el accidente cerebrovascular. Otras no transmisibles que también forman parte del modo de vida occidental son las cardíacas, la aterosclerosis, la vascular periférica y la gota. En el caso de estas, como en el del accidente cerebrovascular y la diabetes, tenemos que averiguar qué rasgos concretos de las formas de vida occidentales nos predisponen a sufrir cada una de ellas.

Para terminar, queda una cuestión práctica: ¿qué debemos hacer para reducir el riesgo de contraer enfermedades no transmisibles? Podríamos responder ingenuamente que adoptar una forma de vida tradicional. Pero esta incluye muchos elementos que desde luego no queremos, como morirnos jóvenes de enfermedades infecciosas, pasar hambre con frecuencia y un riesgo elevado de muerte violenta. De la forma de vida tradicional solo queremos lo que nos proteja de las enfermedades no transmisibles, como, por ejemplo, hacer ejercicio, ingerir poca sal, llevar una dieta sensata y no tener sobrepeso.

Algunos amigos míos protestan: ¡qué perspectiva tan horrible! ¡No quiero limitar mi dieta a biscotes de régimen y agua! ¡Prefiero disfrutar de quesos y vinos de calidad, y morirme feliz a los setenta y cinco, a alimentarme solo de biscotes y agua y llevar una vida deprimente hasta los noventa y cinco!

Pero no tenemos por qué elegir entre quesos y vinos de calidad, y biscotes de régimen y agua. Los italianos son una prueba palpable de que es posible comer estupendamente sin dejar de estar sano. La típica dieta italiana, con mucho aceite de oliva, pescados y verduras, se parece a la tradicional. Los italianos disfrutan de una de las mejores cocinas del mundo. No se limitan a los biscotes de régimen y el agua. A diferencia de muchos estadounidenses, no engullen los alimentos sin hablar, sino que destinan largo tiempo a las comidas, hablan entre sí y, paradójicamente, terminan comiendo menos, no más.

La prevalencia de diabetes en Italia es menor que en gran parte de los otros países europeos (¡aunque, lamentablemente, ¡hasta los italianos comen cada vez más y tienen más sobrepeso!). Los italianos son la prueba palpable de que se puede gozar al máximo sin dejar de llevar una vida sana.

7
Los principales problemas de la humanidad

He aquí una pregunta precisa y sencilla: ¿a qué problemas importantes se enfrentarán las sociedades del mundo en un futuro próximo?

A continuación resumiré los principales problemas del mundo en unas cinco mil palabras. Me centraré en tres conjuntos de problemas. Evidentemente, además de los que yo analizo, el mundo tiene otros ante sí. Pero creo que todos coincidirán conmigo en que estos serán los importantes.

Naturalmente, el primer conjunto de problemas que analizaré es el relacionado con el cambio climático global. A estas alturas, la mayoría ha oído hablar de él. Muchos creen entenderlo, pero en realidad es un asunto importante, complicado y confuso que en general no acaba de comprenderse. No se trata de un solo problema, sino de un interesante conjunto de problemas interrelacionados, de origen físico, biológico y social, con grandes repercusiones sociales. Es uno de los factores que más determinarán nuestra vida en la próxima década. Como comporta una complicada concatenación de causas y efectos, realizaré una breve introducción que les ayude a comprenderla.

El punto de partida es la población humana mundial y el impacto medio por persona; es decir, los recursos que por término medio consumimos y los residuos que producimos, unos y otros en aumento.

La actividad humana genera dióxido de carbono y lo libera a la atmósfera, principalmente quemando combustibles fósiles. El segundo gas de efecto invernadero más importante es el metano, en la actualidad mucho menos relevante que el dióxido de carbono, si bien podría cobrar importancia debido a un posible ciclo de retroalimentación. Este ciclo consiste en que el calentamiento global derrite el permafrost, con lo que se libera metano, lo cual produce un mayor calentamiento, que a su vez provoca una mayor liberación de metano, y así sucesivamente.

El principal efecto de la emisión de dióxido de carbono que más se ha analizado es su acción como gas de efecto invernadero en la atmósfera. Con gas de efecto invernadero me refiero a que absorbe la radiación infrarroja que la Tierra lanza al espacio, con lo que aumenta la temperatura de la atmósfera. Pero el dióxido de carbono tiene otros dos efectos principales. En primer lugar, el de origen humano también se acumula en los océanos, no solo en la atmósfera. El ácido carbónico resultante incrementa la acidez del océano, que ya es más elevada que en ningún otro momento de los últimos quince millones de años. En consecuencia las estructuras coralinas se disuelven, lo cual supone el fin de los arrecifes, que, además de ser un importante vivero para los peces marinos, protegen los litorales tropicales y subtropicales de las olas y los tsunamis. En la actualidad los arrecifes de coral disminuyen a un ritmo de entre el 1 y el 2 por ciento anual, lo cual significa que en este siglo desaparecerán, lo que a su vez conllevará una enorme reducción tanto de la disponibilidad de marisco como de la seguridad de las costas tropicales.

El otro efecto principal de la emisión de dióxido de carbono es su influencia directa en los cultivos vegetales, unas veces negativa y otras, positiva.

Con todo, la consecuencia más analizada de la emisión de dióxido de carbono es que calienta la atmósfera. Es lo que llamamos calentamiento global. Pero en realidad el efecto es tan complejo que la expresión «calentamiento global» resulta inexacta. En primer lugar, la relación causa-efecto encierra una paradoja: el calentamiento atmosférico acaba enfriando algunas zonas. En segundo lugar, con la tendencia general al calentamiento compite en importancia para las sociedades humanas el incremento de la variabilidad climática: hay más temporales e inundaciones, las épocas más cálidas tienden a ser tórridas y las frías, gélidas, lo cual produce situaciones como las nevadas registradas hace poco en Egipto y la reciente ola de frío en Estados Unidos. Por este motivo algunos políticos estadounidenses que no entienden el cambio climático piensan que esas situaciones desmienten su existencia. En tercer lugar, hay procesos de muy larga duración, como la acumulación de dióxido de carbono en los océanos, y su lenta emisión. En consecuencia, aun en el caso de que todos los seres humanos de la Tierra murieran o dejaran de quemar combustibles fósiles esta noche, la atmósfera continuaría recalentándose durante varias décadas. Por último, existen grandes agravantes no lineales que podrían recalentar el mundo con mucha mayor rapidez de lo que indican las proyecciones más moderadas. Entre ellos figuran el derretimiento del permafrost y el posible derrumbe de las capas de hielo de la Antártida y Groenlandia.

De las consecuencias de la tendencia global al calentamiento mencionaré cuatro. La más evidente para muchas personas de todo el mundo es la sequía. Por ejemplo, este año es el más seco de la historia de mi ciudad, Los Ángeles, desde que comenzaron a tomarse mediciones a comienzos del siglo XIX. Las sequías son nocivas para la agricultura. Y las ocasionadas por el cambio climático mundial se distribuyen de manera desigual por el mundo. Las zonas más afectadas son Norteamérica, el Mediterráneo y Oriente Próximo, África, las regiones agrícolas del sur de Australia y el Himalaya. La nieve acumulada en esta cordillera proporciona gran parte del agua que precisan China, Vietnam, la India, Pakistán y Bangladesh, países que no se caracterizan por la resolución pacífica de sus conflictos.

La segunda consecuencia de la tendencia al calentamiento global es una menor producción de alimentos agrícolas, a causa de la sequía que acabo de mencionar y, paradójicamente, del incremento de las temperaturas terrestres. La reducción de la producción de alimentos es un problema porque la población humana y su nivel de vida, y por tanto el consumo de alimentos, están incrementándose a un ritmo que se cree que se situará en el 50 por ciento en las próximas décadas. Es una situación lamentable, pues en la actualidad ya tenemos un problema alimentario, con varios miles de millones de personas desnutridas.

Una tercera consecuencia de la tendencia general al calentamiento es que los insectos tropicales portadores de enfermedades están desplazándose a zonas templadas. Hasta el momento algunos de los problemas sanitarios resultantes han sido la llegada a Italia y Francia de la fiebre tropical de chikunguña; la reciente transmisión del dengue y la expansión de enfermedades producidas por las garrapatas en Estados Unidos; y la extensión de la malaria y la encefalitis vírica.

La última consecuencia de la tendencia al calentamiento que mencionaré es la subida del nivel del mar. Calculando por lo bajo, se estima que en este siglo la subida media del nivel del mar será de un metro, pero en el pasado el nivel se ha elevado hasta 23 metros. La incertidumbre principal se centra en el posible derrumbe de las capas de hielo del Antártico y Groenlandia. Sin embargo, una subida media de solo un metro, agravada por temporales y mareas, bastaría para acabar con la habitabilidad de muchas áreas densamente pobladas, como Bangladesh y algunas zonas del litoral oriental de Estados Unidos.

Cuando hablo del cambio climático, me preguntan con frecuencia si presenta algún efecto positivo para las sociedades humanas. Sí, tiene algunos, como la perspectiva de que, al derretirse el hielo ártico, se abran rutas de transporte en las zonas más septentrionales del mundo, y quizá un incremento de la producción de trigo en Siberia, Canadá y otras regiones. Sin embargo, para las sociedades humanas, casi todos los efectos son enormemente negativos.

¿Hay alguna solución tecnológica rápida para estos problemas? Puede que hayan oído hablar de ciertas propuestas de geoingeniería, como la de inyectar partículas en la atmósfera, o la de extraerle dióxido de carbono para refrescarla. Pero todavía no hay ningún remedio de eficacia probada basado en la geoingeniería. Esa clase de métodos resultan muy costosos, y seguro que cualquiera de ellos, además de tardar mucho tiempo en surtir efecto, tendrá repercusiones imprevistas. En consecuencia, para conseguir que al undécimo intento la geoingeniería produjese únicamente los efectos deseados, antes tendríamos que destruir la Tierra diez veces. Por eso la mayoría de los científicos cree que esa clase de experimentos son mortalmente peligrosos y que hay que prohibirlos.

¿Significa todo esto que el futuro de la civilización humana es desolador y que nuestros hijos terminarán habitando un mundo en que no merecerá la pena vivir? Por supuesto que no. El cambio climático está causado por actividades humanas, de modo que podemos atenuarlo reduciendo esas actividades, lo cual significa quemar menos combustibles fósiles y producir más energía nuclear y de fuentes renovables. Con solo que Estados Unidos y China llegaran a un acuerdo bilateral sobre las emisiones de dióxido de carbono, eso afectaría al 41 por ciento de las emisiones actuales. Si al acuerdo se unieran también la Unión Europea, la India y Japón, estaríamos hablando del 60 por ciento de las emisiones. El principal obstáculo es la falta de voluntad política.

¿Qué cuestiones debemos plantearnos en relación con el cambio climático global? Son unas cuantas, entre ellas las siguientes:

- Cómo alcanzar acuerdos multilaterales o mundiales sobre las emisiones de dióxido de carbono.
- Ventajas y desventajas de diferentes tipos de leyes y regulaciones, como los impuestos que gravan las emisiones de dióxido de carbono, para incentivar a la gente y a los países a reducirlas.
- Qué cambios en la productividad agrícola cabe esperar en diferentes partes del mundo.
- Qué cambios en materia de enfermedades cabe esperar en diferentes zonas del mundo.
- Cómo alimentar a los 9.000 millones de personas que se espera que tenga la Tierra a finales de este siglo (ya nos cuesta alimentar a los 7.000 actuales).
- Cómo animar a la gente a consumir menos y a tener menos hijos.
- Cómo afrontar la mayor variabilidad climática y la subida del nivel del mar que se esperan.
- Y cómo mantener el nivel de vida consumiendo menos energía y pasando de los combustibles fósiles a las energías renovables y la nuclear.

Este es el primer conjunto de problemas que, en mi opinión, figuran entre los más importantes que tiene el mundo.

De los tres principales conjuntos de problemas que en mi opinión tiene el mundo, el segundo es la desigualdad. Y pienso en la desigualdad tanto entre países como dentro de cada uno de ellos.

En cuanto a la primera, hay grandes diferencias de riqueza y de nivel de vida entre los países del mundo. La riqueza nacional se mide, bien mediante la renta per cápita, corrigiéndola en función del poder adquisitivo, bien a través del producto interior bruto (PIB) per cápita. Según ambos índices, Noruega, el país más rico del mundo, es cuatrocientas veces más rico que los países más pobres de la Tierra, como Níger, Burundi y Malaui. Italia, aunque a considerable distancia de Noruega, no deja de ser rico en el contexto mundial: más de cien veces que los países más pobres del mundo.

¿Qué consecuencias tienen esas diferencias de riqueza nacional? La mayoría de los ciudadanos de muchos países no puede permitirse cosas que en Estados Unidos consideramos necesidades, o no tienen acceso a ellas. Por ejemplo: suficiente comida, agua potable, educación para los hijos, formación laboral, asistencia médica y servicios de odontología. La mayoría de las personas de muchos países tampoco pueden acceder a cosas que para nosotros son lujos, no necesidades, pero sin las que no querríamos vivir, como la televisión y los cines.

En el pasado, los habitantes de los países ricos podían pensar en su fuero interno, y en ocasiones decir en voz alta: Sí, es muy triste la situación de los habitantes de los países pobres. Pero su pobreza es en parte o totalmente culpa suya, porque son perezosos, o porque carecen de la ética del trabajo europea y judeocristiana. Además, sea o no sea culpa suya, es su problema, no el nuestro. Su pobreza no nos afecta.

Sin embargo, en el mundo globalizado esa pobreza ya no es únicamente su problema. Ahora también es el nuestro. Su pobreza sí nos afecta. Los habitantes de países pobres muy lejanos como Afganistán y Somalia cuentan con muchos medios para enterarse de lo que se pierden. Tienen teléfonos móviles y otras fuentes de información. Ven y saben que los europeos y estadounidenses gozan de una vida mejor y de más oportunidades que ellos en sus países pobres. Por eso sienten envidia, se enfurecen y caen en la desesperación.

En un mundo globalizado, cuando la gente siente envidia, furia y desesperación, dispone de muchas maneras, conscientes o inconscientes, de compartirlas con nosotros. Inconscientemente, sin pretenderlo, enferma. Con la globalización actual, los ciudadanos de países ricos viajan a países pobres, donde contraen enfermedades que llevan a sus lugares de origen. Muchos ciudadanos de países pobres logran llegar a los ricos. Debido a la globalización, sus enfermedades se extienden con rapidez a los países ricos. El ejemplo más conocido e importante es el sida, que surgió en África y se ha extendido por todo el mundo. Otros ejemplos de enfermedades que pasan de los países pobres a los ricos son la gripe porcina, el virus de Marburgo, el del Ébola, la fiebre de chikunguña, el dengue, el cólera y la malaria.

Los ciudadanos furiosos de los países pobres no pretenden que enfermemos; sus enfermedades transmisibles solo son el resultado no deseado de la falta de acceso a la atención sanitaria. Por otra parte, lo que los ciudadanos de esos países sí hacen deliberadamente, sin que con ello pretendan causarnos ningún daño, es emigrar a los países ricos. Los gobiernos de muchas naciones pobres están intentando mejorar la vida de sus ciudadanos, pero estos saben que esos esfuerzos tardarán años en dar fruto, si es que llegan a darlo. Los pobres no quieren esperar durante décadas. Quieren, para sí y para sus hijos, seguridad, sanidad y oportunidades, y sin demora. El resultado es un imparable flujo migratorio. Los principales emisores de emigrantes en Estados Unidos son América Central y del Sur, Somalia y Asia; en Europa Occidental son África, Europa del Este y Oriente Próximo.

Emigrar, al contrario que enfermar, es algo que los ciudadanos de los países pobres hacen consciente y deliberadamente. Lo hacen sin la intención de causarnos ningún daño. Solo pretenden ayudarse a sí mismos. Los inmigrantes ilegales reportan beneficios, y también problemas. Y estos son innegables. De ahí que la inmigración ilegal se haya convertido en un asunto muy polémico en Estados Unidos, Europa Occidental, Australia y otros países ricos.

Ahora bien, hay cosas que la gente que siente envidia, furia o desesperación hace con la intención de causarnos daño. Una de ellas es convertirse en terroristas o apoyar a quienes optan por esa vía. Los terroristas nos hacen daño estrellando aviones contra nuestros edificios, detonando bombas en nuestras estaciones de tren y colocándolas en la meta de maratones. Secuestran y asesinan a viajeros y turistas. Secuestran barcos.

Todo eso —las enfermedades, la inmigración y el terrorismo— es consecuencia directa de la desigualdad entre las naciones. La propagación de las enfermedades y la inmigración son procesos fundamentalmente imparables, y detener el terrorismo resulta difícil y muy costoso. Hasta que disminuyan las diferencias de riqueza entre las naciones, la gente seguirá enfermando, emigrando y haciéndose terrorista o apoyando a los terroristas.

La desigualdad no solo se da entre países, sino también dentro de ellos. En Estados Unidos constituye un problema enorme y creciente: está aumentando la parte de la riqueza nacional que pertenece al 1 por ciento de los estadounidenses más ricos. Las diferencias de riqueza en el seno de los países europeos son menos acusadas, pero no dejan de representar un problema. Cuando los ciudadanos de las naciones ricas sientan envidia, furia o desesperación, puede que acaben por no ver otra alternativa que amotinarse.

Durante los cuarenta y ocho años que llevo viviendo en Los Ángeles, los habitantes de las zonas más pobres de la ciudad se han amotinado en dos ocasiones. Quizá conozcan esos disturbios: los del barrio de Watts y los desatados por la absolución de los policías que dieron una paliza a Rodney King. En general se circunscribieron a las partes más deprimidas de la ciudad. Los pobres hirieron y mataron a otros pobres, saquearon y quemaron sus negocios. Pero en los disturbios que desató el juicio de Rodney King los residentes de las zonas ricas de Los Ángeles, como Beverly Hills, tuvieron razones para temer que los revoltosos pobres no se limitaran a actuar en los barrios pobres, sino que se trasladaran a ellas para saquear y matar. ¿Qué podía hacer la policía de Beverly Hills a fin de proteger a sus vecinos de un gran número de amotinados?

En realidad no podía hacer mucho. Cortaron las principales vías de Beverly Hills poniendo cinta amarilla para advertir a los amotinados de que no llevaran los desórdenes a ese barrio. Naturalmente, la cinta no los habría detenido si hubieran intentado entrar en Beverly Hills.

Por fortuna, los disturbios posteriores al juicio de Rodney King acabaron sin que los enfurecidos amotinados intentaran dar rienda suelta a su cólera en los distritos ricos. Pero no cabe duda de que, si en Estados Unidos continúan aumentando las diferencias de riqueza, habrá más disturbios en Los Ángeles y otras ciudades. Cuando eso ocurra, se producirán revueltas en las que los alborotadores romperán las cintas amarillas de la policía y descargarán su cólera en los estadounidenses ricos.

Por tanto, en mi opinión la desigualdad entre las naciones y dentro de ellas es el segundo gran problema del mundo. No podemos confiar en tener un mundo pacífico y próspero dentro de treinta años (ni siquiera un Estados Unidos pacífico y próspero) a menos que logremos reducir la desigualdad. Este hecho ha llevado a modificar los objetivos de la ayuda exterior y de los programas destinados a reducir la desigualdad dentro de Estados Unidos. En el pasado esos programas y la ayuda exterior se consideraban actos nobles y desinteresados de generosidad por parte de los ricos, ya fueran países o personas. Hoy en día no son únicamente muestras de generosidad. También constituyen actos egoístas de los ricos, ya sean países o personas, que quieren seguir siéndolo y vivir en paz.

¿Qué podemos hacer para reducir el problema de la desigualdad?

Una respuesta sería: incrementar y mejorar los programas de ayuda exterior a los países pobres y los programas sociales dentro de cada país. Unos y otros se llevan a cabo con buena intención, pero sus resultados suelen ser decepcionantes. Se gasta dinero. La pobreza y la desigualdad persisten. Sin embargo, ha habido programas de ayuda exterior eficaces, como los de Israel, así como programas sociales eficaces dentro de Estados Unidos y de otros países ricos. No sabemos bien por qué algunos programas bienintencionados de ayuda exterior y sociales son eficaces y por qué otros, igualmente bienintencionados, no lo son.

Otro sector que requiere mayores inversiones y un conocimiento mejor es el de los programas de salud pública. Destinar un poco más de dinero a la sanidad puede reportar grandes beneficios. Pero se dispone de una cantidad limitada para esos programas. ¿Cuáles son las formas más eficaces de gastar ese dinero? Por ejemplo, la malaria es una de las principales enfermedades en los países tropicales pobres. La Fundación Gates y otras fundaciones y gobiernos cuentan con programas de lucha contra la malaria en África. Las empresas petroleras con explotaciones en Papúa-Nueva Guinea disponen asimismo de programas para combatirla. Pero no está claro cómo hay que gastar el dinero destinado a la lucha contra la malaria para que reporte mejores resultados. ¿Hay que comprar mosquiteras impregnadas en insecticida para que protejan a la gente mientras duerme? ¿Hay que invertir en dispensarios y auxiliares sanitarios (no en médicos, cuya formación resulta costosa) que administren medicamentos antipalúdicos? ¿Hay que fumigar las casas con insecticida? Para tomar buenas decisiones sanitarias, debemos conocer mejor la economía de la salud pública.

Otro gran problema en que aún hemos de encontrar la manera de afrontarlo mejor es la inmigración. Italia, Estados Unidos, Australia y otros países ricos tienen ante sí el problema de qué hacer con los inmigrantes que tratan de llegar a ellos en barco o por vía terrestre. ¿Hay que interceptar los barcos para impedir que sus pasajeros desembarquen en nuestras costas y soliciten asilo? ¿Hay que adoptar la política elegida por Australia, que consiste en enviar a quienes llegan en barco a desagradables centros de internamiento? ¿Acaso en Afganistán los potenciales emigrantes oyen hablar de las lamentables condiciones de los centros de internamiento australianos y eso les disuade de intentar emigrar? En California se debate ahora si debemos dar educación a los inmigrantes ilegales, dejar que se saquen el permiso de conducir y resignarnos a que se incorporen a la sociedad californiana, o si por el contrario debemos negarnos a que soliciten el carnet de conducir y luego a dar educación a sus hijos. Es decir, una vez que los inmigrantes ilegales logran llegar a Europa o a Estados Unidos, ¿qué hay que hacer con ellos?

El último de los tres conjuntos de problemas que analizaré tiene que ver con la gestión de los recursos naturales que son importantes para los seres humanos.

Un ejemplo de recurso natural importante para el ser humano es la pesca. Los europeos, los estadounidenses, los japoneses, los chinos y muchos otros pueblos comen grandes cantidades de pescado. Algunos peces se crían en piscifactorías. Quien quiere consumirlos tiene que pagar al propietario de la piscifactoría. Pero las especies salvajes no pertenecen a nadie. Las produce la naturaleza y los pescadores no tienen que pagarle los peces que capturan, ya que estos están ahí para quien quiera llevárselos.

Por otra parte, los peces salvajes crían alevines. Mientras su ritmo de reproducción supere al de capturas, las pesquerías se mantendrán indefinidamente. Serán lo que se dice sostenibles.

Supongamos que un extraterrestre visitara Europa. No tardaría en descubrir que a sus habitantes les gusta el pescado. También descubriría que han constituido una organización llamada Unión Europea, dedicada a proteger sus intereses comunes. El extraterrestre ya conocería, por su vida en el espacio exterior, los principios de la gestión sostenible de los recursos naturales. En consecuencia, llegaría a la siguiente conclusión: seguramente la política pesquera europea pretende garantizar una gestión sostenible de las pesquerías, con el fin de que los europeos puedan disponer siempre de suficiente pescado para comer y de que su precio no aumente.

Sin embargo, en las últimas décadas el precio del pescado se ha incrementado enormemente en Europa, ya que los caladeros se hallan al borde del colapso debido a la sobreexplotación. Por ejemplo, antes el bacalao era abundante y barato. Pero, como sus caladeros se han reducido mucho, su precio ha aumentado. Esto se debe a que las políticas de la Unión Europea no pretenden garantizar una gestión sostenible de las pesquerías del continente. Gasta dinero en subvencionar demasiados barcos de pesca, que, al capturar demasiados peces, incrementan su precio, lo cual perjudica a los ciudadanos de la Unión. ¿Por qué ha adoptado esas políticas de pesca autodestructivas?

El atún rojo del Mediterráneo es un buen ejemplo del carácter autodestructivo de las políticas pesqueras de Europa. A los europeos les gusta comerlo y a los japoneses les encanta utilizarlo para preparar sushi. Por este motivo es el pescado más valioso del mundo. En el mercado de pescado japonés destinado al sushi un solo atún del Mediterráneo llegó a venderse por un millón trescientos mil euros. Era un ejemplar especialmente valioso. Sin embargo, hasta el atún del Mediterráneo corriente se vende por once mil euros. Ante un pescado de tanto valor, el ingenuo visitante extraterrestre concluiría que seguramente los países mediterráneos regulaban la explotación de sus caladeros de atún para que no llegaran a agotarse. Sin embargo, esos caladeros están sobreexplotados y menguando, de manera que, al ritmo actual, se agotarán en un plazo de cinco años. ¿Por qué los países mediterráneos cometen ese error suicida?

Los ejemplos de los caladeros en general, y de los de atún rojo del Mediterráneo en particular, ilustran el tercer y último conjunto de problemas del que me ocuparé: la gestión de los recursos naturales renovables, entre los que, además de los caladeros de pesca, figuran los bosques, el suelo y el agua potable. Todas las sociedades humanas de la actualidad y del pasado han dependido de recursos renovables para cuestiones tan esenciales como la comida, la producción de madera o papel, la agricultura y el agua. Además de proporcionarnos lo que consumimos, los recursos naturales también nos ofrecen cosas que no consumimos, llamadas servicios ecosistémicos. Es decir, los ecosistemas son los que, en última instancia, nos proporcionan agua limpia (no sucia), aire limpio (no sucio) y un suelo fértil (no yermo). En un río sano, lo que mantiene limpia el agua son las plantas y los microorganismos acuáticos, así como los bosques de las orillas. La naturaleza nos brinda gratuitamente esos servicios ecosistémicos de limpieza del agua y el aire y de mantenimiento de la fertilidad del suelo.

Un ejemplo del valor económico de esos servicios ecosistémicos gratuitos es el agua potable de la ciudad de Nueva York, que procede en su mayor parte de los ríos y arroyos de las montañas cercanas, las Catskill. Sin embargo, la cantidad de agua limpia que llegaba de esas montañas se redujo con el tiempo porque la gente talaba los bosques, que mantenían limpia el agua. De ahí que la ciudad se planteara construir una planta depuradora industrial, aunque su construcción costara miles de millones de dólares y su mantenimiento fuera también muy caro. Entonces alguien tuvo una brillante idea: ¿por qué no gastarse el dinero en pagar a los propietarios de tierras de las Catskill para que no talaran los bosques? Resultaba que a la ciudad de Nueva York le costaría menos dinero abonar pagos compensatorios a los propietarios de los bosques que construir una enorme depuradora. Además, el mantenimiento de esta instalación exigiría un importante desembolso anual, en tanto que los bosques de las Catskill crecen solos y no le cuestan nada al contribuyente neoyorquino. De ahí que la ciudad de Nueva York decidiera gastarse el dinero en los bosques de las Catskill y no en una depuradora. Es un ejemplo de que los ecosistemas naturales nos ofrecen gratis unos servicios que nos costarían mucho si tuviéramos que sufragarlos nosotros.

En consecuencia, por nuestro propio interés, los seres humanos deberíamos cuidar los recursos naturales de los que dependemos. Pero los ejemplos del atún rojo del Mediterráneo y de los caladeros europeos en general ponen de manifiesto que con frecuencia nos ha resultado difícil gestionar de manera sostenible los recursos naturales. En todo el mundo, debido a la sobreexplotación, se están reduciendo los caladeros, los bosques, la calidad del suelo, el agua potable disponible y otros recursos naturales renovables. Muchas sociedades antiguas se vinieron abajo por la mala gestión de los recursos naturales de los que dependían. Entre las que desaparecieron figuran algunas de las más avanzadas y poderosas de sus respectivas regiones, como el Imperio jemer en el Sudeste Asiático y la civilización maya en México y Guatemala. Otras sociedades, si bien no llegaron a desmoronarse por la explotación de los recursos naturales, sí se perjudicaron económicamente por sobreexplotarlos.

Por ejemplo, aunque resulte increíble, Marruecos era uno de los principales proveedores de grandes troncos para la construcción del Imperio romano. Hoy en día ya no es una potencia forestal mundial, porque sus antiguos bosques de grandes árboles se han talado sin tregua.

La sobreexplotación de bosques, caladeros y otros recursos naturales suele considerarse un problema principalmente demográfico. La población mundial está aumentando. Al haber más gente, se consume más pescado, madera forestal, agua y suelo. De ahí que muchos estadounidenses y europeos piensen que los problemas relacionados con la gestión de los recursos mundiales no se deben a nosotros, sino sobre todo a las elevadas tasas de crecimiento demográfico de los países pobres de África, Asia y Latinoamérica. Por ejemplo, en Ruanda, un país africano paupérrimo, son muchas las familias con ocho hijos. En consecuencia, la población ruandesa está creciendo. Por el contrario, los italianos tienen tan pocos hijos que, de no ser por la inmigración, la población italiana estaría disminuyendo. Entonces, ¿los problemas mundiales relacionados con la gestión de los recursos son sobre todo culpa de los países pobres con elevadas tasas de natalidad, antes que de los ricos con tasas de natalidad bajas?

La respuesta es: absolutamente no. La razón es que el número de personas no es el único factor que incide en los índices de consumo de los recursos. En ellos influyen dos factores: el número de habitantes de un país, multiplicado por el consumo medio de recursos (tales como árboles, petróleo o metales) per cápita. En Europa Occidental, Estados Unidos y otros países ricos, los índices de consumo de recursos per cápita son treinta y dos veces superiores a los de los países pobres. Para los recursos mundiales, el peligro no radica en el crecimiento demográfico de los 10 millones de ruandeses, sino en los índices de consumo de los 300 millones de estadounidenses y los 800 millones de europeos. Como estos últimos consumen, en promedio, treinta y dos veces más recursos que el africano medio, incluso la población de Italia, con solo 60 millones de habitantes, tiene unos índices de consumo equivalentes al doble de lo que consumen los 1.000 millones de habitantes de África.

¿Qué más información necesitamos para solucionar los problemas que plantea la gestión sostenible de los recursos? Por una parte, habría que resolver los problemas biológicos y físicos de la gestión sostenible de los caladeros y de otros recursos naturales. Pero también sería preciso afrontar los problemas sociales, políticos y económicos que conlleva la gestión de los recursos.

Por ejemplo, ¿por qué las personas y naciones tienen comportamientos autodestructivos? ¿Qué instituciones sociales, leyes y políticas públicas serían las más eficaces a la hora de inducirnos a actuar en nuestro propio beneficio? Ahí tenemos un gran campo para la investigación en ciencias sociales. La economista Elinor Ostrom ha obtenido recientemente el Premio Nobel por dedicar su vida a averiguar por qué algunas sociedades de pescadores, agricultores, ganaderos y pastores logran gestionar sus campos, su ganado y sus pesquerías de manera sostenible, y otros no.

¿Por qué algunos gobernantes hacen cosas que los enriquecen a corto plazo pero que a la larga van en contra de los intereses de su país y lo conducen al desastre? Una posible respuesta es que, en parte, esa situación depende de sistemas políticos que aíslan a los dirigentes de algunos países, por lo que no sufren inmediatamente las consecuencias de comportamientos que, si bien los enriquecen, a la larga perjudican a sus países. Pero no sabemos si esta hipótesis es cierta: tendremos que buscar la respuesta.

He comenzado este capítulo diciendo que me ocuparía de tres de los principales conjuntos de problemas del mundo en cinco mil palabras. Evidentemente, sobre ellos puede decirse mucho más de lo que yo he podido decir en cinco mil palabras. Por otra parte, está claro que hay otros problemas mundiales que merece la pena analizar: no he agotado la lista de problemas importantes del mundo.

Sin embargo, los tres conjuntos de problemas mencionados afectan a todos los lectores de este libro. Los tres tienen dimensiones sociales, políticas y económicas. De ahí que sean los conjuntos de problemas a cuya solución podemos contribuir los científicos sociales, los políticos y todos los demás.

Lecturas complementarias

Para los lectores que deseen saber más sobre los temas tratados en los capítulos, a continuación propongo unos pocos libros y artículos relacionados con cada uno. Estas referencias no son en absoluto exhaustivas, sino que pretenden conducir a los lectores interesados a fuentes que contienen más información, bibliografías relacionadas con el tema del capítulo, y libros y artículos en los que he profundizado más en la materia.

Prefacio

Jared Diamond y James Robinson, *Natural Experiments of History*, Cambridge, Mass., Harvard University Press, 2010.

Capítulos 1 y 2

Daron Acemoglu, Simon Johnson y James Robinson, «Reversals of fortune: geography and institutions in the making of the modern world income distribution», *Quarterly Journal of Economics*, vol. 117, pp. 1.231-1.294 (2002).

Daron Acemoglu y James Robinson, *Why Nations Fail*, Nueva York, Crown, 2012. [Hay trad. cast.: *Por qué fracasan los países: los orígenes del poder, la prosperidad y la pobreza*, Barcelona, Deusto, 2012.]

Areendam Chanda, C. Justin Cook y Louis Putterman, «Persistence of fortune: accounting for population movements, there was no post-Columbian reversal», *American Economics Journal: Macroeconomics*, vol. 6, pp. 1-28 (2014).

Jared Diamond, *Guns, Germs, and Steel: The Fates of Human Societies,* Nueva York, Norton, 1997. [Hay trad. cast.: *Armas, gérmenes y acero: la sociedad humana y sus destinos*, Madrid, Debate, 1998.]

Douglas Hibbs Jr. y Ola Olsson, «Geography, biogeography, and why some countries are rich and others are poor», *Proceedings of National Academy of Sciences USA*, vol. 101, pp. 3.715-3.720 (2004).

Michael Ross, *The Oil Curse*, Princeton, Princeton University Press, 2012.

Capítulo 3

Jared Diamond, *Guns, Germs, and Steel* (citado anteriormente), capítulo 16.

Jared Diamond, *Collapse: How Societies Choose to Fail or Succeed*, Nueva York, Viking Penguin, 2005, capítulo 12. [Hay trad. cast.: *Colapso: por qué unas sociedades perduran y otras desaparecen*, Barcelona, Debate, 2005.]

Jianguo Liu y Jared Diamond, «China's place in the world», *Nature*, vol. 435, pp. 1.179-1.186 (2005).

Ian Morris, *Why the West Rules – for Now*, Nueva York, Farrar, Straus and Giroux, 2010. [Hay trad. cast.: *¿Por qué manda Occidente... por ahora? Las pautas del pasado y lo que revelan sobre nuestro futuro*, Barcelona, Ático de los Libros, 2014.]

Capítulo 4

Howard Steven Friedman, *The Measure of a Nation*, Amherst, Nueva York, Prometheus, 2012.

Erich Lindemann, «The symptomatology and management of acute grief», *American Journal of Psychiatry*, vol. 101, pp. 141-148 (1944).

Capítulo 5

Jared Diamond, *The World until Yesterday*, Nueva York, Viking Penguin, 2013, capítulos 7 y 8. [Hay trad. cast.: *El mundo hasta ayer. ¿Qué podemos aprender de las sociedades tradicionales?*, Barcelona, Debate, 2013.]

Paul Slovic, «Perception of risks», *Science*, vol. 236, pp. 280-285 (1987).

Chauncey Starr, «Social benefit vs. technological risks: what is our society willing to pay for safety?», *Science*, vol. 165, pp. 1.232-1.238 (1969).

Capítulo 6

Derek Denton, *The Hunger for Salt*, Heidelberg, Springer, 1982.

Jared Diamond, *The World until Yesterday* (citado anteriormente), capítulo 11.

S. Boyd Eaton, Marjorie Shostak y Melvin Konner, *The Paleolithic Prescription: a Program of Diet and Exercise and a Design for Living*, Nueva York, Harper and Row, 1988.

Graham MacGregor y Hugh de Wardener, *Salt, Diet, and Health: Neptune's Poisoned Chalice: the Origins of High Blood Pressure*, Cambridge, Inglaterra, Cambridge University Press, 1998.

H. Rubinstein y Paul Zimmet, *Phosphate, Wealth, and Health in Nauru: a Study of Lifestyle Change*, Gundaroo, Australia, Vrolga, 1993.

J. Shaw, R. Sicree y Paul Zimmet, «Global estimates of the prevalence of diabetes for 2010 and 2030», *Diabetes Research and Clinical Practice*, vol. 87, pp. 4-14 (2010).

Capítulo 7

Jared Diamond, *Collapse: How Societies Choose to Fail or Succeed* (citado anteriormente).

Paul Ehrlich y Anne Ehrlich, *One with Nineveh: Politics, Consumption, and the Human Future*, Washington DC, Island Press, 2004.

Thomas Piketty, *Capital in the 21st century*, Cambridge, Mass., Harvard University Press, 2014. [Hay trad.

cast.: *El capital en el siglo XXI*, Madrid, Fondo de Cultura Económica, 2014.]

Jeffrey Sachs, *The End of Poverty*, Nueva York, Penguin, 2005. [Hay trad. cast.: *El fin de la pobreza: cómo conseguirlo en nuestro tiempo*, Barcelona, Debate, 2005.]

The World Bank, *Turn Down the Heat: Why a 4°C Warmer World Must Be Avoided*, Washington DC, World Bank, 2012. [Hay trad. cast.: *Bajemos la temperatura: por qué se debe evitar un planeta 4 °C más cálido*, Banco Mundial 2012.]